地方志災異資料叢刊

第二編

12

于春媚 賈貴榮 編

國家圖書館出版社

第十二冊目録

（清）張鴻、來汝緣修　（清）王學浩等纂

【道光】崑新兩縣志

清道光六年（1826）刻本

崑新兩縣志卷三十九

祥異

邑之紀祥異猶史家之志五行也災祥於是乎徵邑境自唐以前不可攷趙宋及今凡星象風雹水旱以迄草木禽魚不恒見者輒備錄之以爲占驗之助

宋

淳化四年癸巳十月太白犯南斗三吳歲饑民疫知蘇州宋瑺曰斗爲吳分民方饑天象如此長吏得無咎乎

景祐初郡水災轉運使委平江節度推官張去惑分捍水道

熙寧中崑山旱蝗平江軍節度推官邊珣督捕濱海萑葦

互盤蟠集其下珣命連挺碎根植於上而斃之諸郡皆以爲法

元豐元年戊午七月四日夜蘇州大風雨水高二丈餘漂崑山張浦沙保六百戶悉盡惟餘五戶空屋人亦不存

四年辛酉大風潮海水溢民居傾者大半學宮悉倒

景定三年壬戌平江蝗不爲災知平江朱熠奏聞

元

元貞五年秋七月戊戌豈聯暴風雨雹兼發江潮泛溢瀕海傍江之民災傷不可勝計朝廷以米八萬七千餘石賑之

大德五年辛丑秋七月風潮飄蕩民廬死者八九瀕道千

戶朱旭運米千石以拯其患

泰定元年甲子五月崑山州饑

明

洪武十一年戊午七月初四立秋日大風海溢

二十三年庚午秋七月海風自東北來拔木揚沙峻阜高陵皆為漂沒三洲一千七百餘家盡葬魚腹

正統七年壬戌夏大水七月十七日颶風拔苗巡撫侍郎周忱預奏存留崑山縣糙米五六萬石賑之

景泰五年甲戌大水民饑疫作知縣鄭達賑之

六年乙亥蘇松大饑民疫斗米百錢死者交錯於道

七年丙子夏秋大旱

天順五年辛巳七月海溢崑縣人溺死甚衆

成化十五年己亥五月晦酉時有星芒大如杯長尺許有聲自北流南而没

十六年庚子八月十日酉時天火墜如毬碧烟絪縕竟天久方息十二月二十一日夜長星見南二夕而滅自後海寇大作

十七年辛丑九月淫雨爲沴連郡田稼滅没野多餓莩巡撫劉魁奏請賑䘏會魁去不果行

十九年癸卯正月七日凌晨雨著木成氷如瓔珞葆幢萬樹皆然漢書五行志木氷爲木介

宏治二年己酉十月五日東北大星隕聲如雷光燭天地

五年壬子大水禾稼無收民饑知縣楊子器發錢穀賑
口賑濟次年無穀民不能耕種又自他邑載稻種詣各
鄉分給之
六年癸丑水災右副都御史何鑑巡撫江南用便宜發
漕米賑饑與侍郎徐貫疏吳淞白茆諸渠
十年丁巳冬暖無雪十二月羣草木皆吐華
十二年己未三月大水野田如江湖菜麥皆爛死七月
朔海潮赤如血潮退沙泥猶然
十八年乙丑九月十三日地震有聲白毛生
正德四年己巳七月七日大雨傾注一晝夜不止溺民多
死徙

五年庚午春夏淫雨水勢更大於己巳民乏食餓莩滿路積屍盈河鄉民嚴春出己地瘞之復懸金示賞於是鄉民爭先掩埋知縣方豪具奏免漕

十三年戊寅四月新洋江東姚氏有青龍偃臥牆下長數尺塾師誤認爲蛇以竹擲之不中旋即飛翔霄漢尾植天際頭角邐迤向下大風拔木顛之又一白龍從西南來二龍游戲天表姚氏積貯席捲殆空越三日大雨漂沒田麥僅露芒穗小民沒股刈以登場甚艱於食

嘉靖元年壬午七月二十五日颶風大作一晝夜拔木發屋舟行漂沒者無算

二年癸未旱米石銀二兩

八年己丑夏六月飛蝗蔽天八月大水
二十三年甲辰大旱螟食苗
二十四年乙巳大旱河渠皆涸野多餓莩
三十四年乙卯倭亂後疾疫繼作民多死亡巡撫周珫
巡按周如斗相繼奏請蠲租得俞旨凡倉糧已徵在官
者悉令龍巡男婦爭赴倉廒負載而歸歡聲載道
四十年辛酉春雨雪不止四五月霪雨江湖泛溢禾苗
盡渰郭門外一白無際老幼避水入城者多餓死
四十二年癸亥二月有海魚入新洋江二旬不去夜嘗
臥於沙灘早行者擊斃之獻於縣其魚圓身色白而無
鱗頭目如豕兩耳卷然尾如鳥尾有陰戶在下腹身長

數尺莫識其名未幾玉峯倉白日起火漕米尚未交兌知縣彭富率兵民救之僅存其半

隆慶三年己巳大水四年庚午復大水歲祲知縣王用章請於巡撫海瑞奏改折漕米萬石

萬歷二年七月五保帆歸鄉朱姓家有異鳥集舍前色如墨大如鵝數人室中朱捍之鳥以翼擊其脅痛入骨髓頃之雷電交作風雨大至屋瓦盡飛場間所貯稻囷及浣濯之衣無一存者

四年丙子大水高下皆沒

十七年己丑夏大旱

三十六年戊申四五兩月連雨五十日吳中大水田皆

滂沱城中街道積水深可泛舟雨後忽生蟲狀如懸而大三倍之朝暮聚空中望若烟雲其聲如雷但不嚙人人謂之荒蟲凡二十餘日忽無子遺不知何往是歲魚蝦大盛或言蝦是此蟲所化王志慶漢陰樵志云戊申大水災荒爲百年所無是時周公孔教巡撫災中上疏痛切竟得蠲賑平糶勸分亦皆有法米價不過斗百錢耳幸吾邑者爲秀水禎凝禎於徽北亦有深心吳氏發德程出粟千石濟飢民實賴之支景孟爲之傳

三十七年己酉大水明年庚戌又大水

四十年壬子夏不炎蒸入冬無雪民大疫

天啓四年甲子夏大水後大旱民饑十二月地震彗星見黃志曰是年災與戊申等而民貧賦重困倍於前幸是冬漕米全折民得稍蘇時邑紳顧秉謙在政府故恩例不同他邑

六年丙寅七月朔怪風大雨發屋拔木

崇禎六年癸酉六月二十五日怪風大雨城中石牌坊塌倒甚多

十二年己卯秋馬鞍山徧開金鐙花巉巖點點若灑血其時河水盡赤嗅之有血腥先是夏六月文筆峯右二大石崩聲如雷對峙山下

十三年庚辰六月大旱婁江淤斷飛蝗蔽天七月一日有僧大呼云且看十七夜是夜城內外民家鍋底作山水草木器械人形種種不一又有作大士關聖像者或黃色青瘟字是年大疫鍋底無畫者俱得免

十四年辛巳夏大旱至和塘吳淞江皆涸天雨豆色赤而細味苦澀民大疫死者相枕藉斗米銀三錢秋蝗民

屑榆皮爲食飢民相聚剽刼太倉知州錢肅樂撫輯事嚴懲以法仍設粥平糶民稍定葉志稱明年春嬰孩盈路邑紳王永祚捐金易屋數十間召老嫗之無依者數十人各給衣食收養棄孩飼粥糜勤澣濯凡三月至麥熟各歸其父母全活無算貧士陳復斂錢收葬遺屍及千云云按王氏宗譜永祚自鄭撫歸在十五年壬午則壬午春不應有收恤棄嬰之事或永祚妻子所爲亦未可知茲爲同時人當非無據故存之

十五年壬午五月王三省家李樹生王瓜諺曰李樹生瓜民間無家

崇禎之季邑中喜服大袖衣袪縫至踐地婦女怨用貂衣褎領識者以爲服妖

國朝

順治元年甲申秋茄內生白毛又地生白毛

二年乙酉春積雪彌月六月無露是夏有童謠云富家

莫造屋貧家莫喫粥七月初五六大家洗箇浴未幾復改第三句云八月十五六以後觀之七月初五六暦洗之驗也初六以前尚未奉國朝正朔八月十五六霪雨綦加千鄉流沒之驗也閏六月二十九日黃昏時星河明燦忽有黑氣橫天自東至西北頃之化為長虹久而不滅七月望後薄暮有青氣三道從東貫西橫亘中天逾時始滅

四年丁亥五月西門外嚴子祥家李樹生王瓜是歲大旱民饑米石銀四兩

五年戊子閏三月三日大雨雹大者如斗破屋殺畜

八年辛卯正月二十五日夜子時地震夏大水田皆不蒔死亡甚眾邑人朱顯宗率眾叩閽徹荒改折漕米十

分之七六月至七月彗星見米石銀四兩二錢除夕雷
十二年乙未二月五日未時地震聲如屋傾從西北迤
東而去十二月有白龍見東南
十四年丁酉七月九日雷震馬鞍山浮圖是月城內驚
傳夜有物入室爪傷人膚有痕或曰狐妖或曰黑眚是
年湖寇横行十二月二十四日夜見山城隍廟災
十五年戊戌八月二十三日申時地震有聲
十七年庚子六月五日雷復震馬鞍山浮圖
十八年辛丑正月四日夜彗星見東南指西北六月三
日城內外晨起見門戶上多作圖及字形皆紅色密室
皆然初六日民家懸金剛經無風忽飛去凌空夭矯有

見爲人形者有見爲物形者良久而墜七月十日民家曝衣席及金剛經復飛上天久之乃墜閏七月望日城中登樓者見有赤色赤衣小兒飛行人家屋上是歲旱

康熙三年甲辰九月二十二日午時地震聲自南而北十一月朔彗星見初旬從雞鳴時起長二丈許至下旬初昏即見長五六尺凡一月而滅

五年丙午十二月河冰生花如畫

六年丁未十二月二十七日雷虹見

七年戊申正月二十六日夜西方有白氣如虹從乾至坤末銳而昂十餘日始滅三月大風天雨花花大小斜結紅白相間四五月霪雨五月二十二日雷震大雨北

鄉新村有龍怪村民見巨人二頎而黑入土穀祠遂晝
晦風雨中人畜廬舍忽失所在重舟掀墜樹顛死傷甚
衆至六七月天始晴太白晝見六月十七日戌時地震
有聲後四五日地生白毛長三寸許火之臭如牛毛二
十七日夜地又震十月二十九日鷲巖寺大殿災十一
月十二日夜地又震
九年庚戌夏霪雨無麥新苗湮沒六月十三日大風太
湖溢水暴漲丈餘平陸成巨浸田高下一夕盡淹城中
石牌坊多崩七月五日申時地震有聲冬民大饑是歲水災
甚於順治辛卯知縣董正位六月蒞任親勘報災巡撫
馬祐疏請得邀蠲折民命稍甦自冬至明年春飢民載
道縣官同紳衿舉同善會分賑各門葉令捐俸并募鄉
城共設粥廠十餘處巡撫發俸銀一百二十兩司道府

捐助有差邑紳李可沂捐千餘金葉方藹盛符升等與義民協力施助近城設廠各給米散遣歸農

十年辛亥大旱

十一年壬子七月飛蝗過境不傷稼八月朔民間驚傳有鬼繞城夜號是月田禾生螟多槁死知縣董正位勘報秋災巡撫馬祜疏請蠲正賦十分之一

十三年甲寅春蚩尤旗見光芒燭天

十五年丙辰六月三日霪雨三晝夜田禾盡淹秋冬大饑邑紳徐秉義等募設粥廠全活甚衆

十七年戊午大水蠲停地丁漕項銀有差是年歇馬橋王氏婦産一龍鱗甲俱全家人駭而斃之

十八年己未三月至八月不雨飛蝗蔽天斗米三錢叅

旨蠲免十年十一年舊欠錢糧其十三四五六等年錢糧分年帶徵十分荒者免本年稅銀十之四七分荒者免其三六分荒者免其二

十九年庚申八月二十三日霪雨五晝夜禾苗俱渰奉

旨蠲免被災田畝錢糧十分之三緩徵被災漕米

二十二年癸亥春霪雨無麥

二十六年丁卯七月大風水傷禾

二十七年戊辰二十八年己巳俱有蟲食禾

二十八年己巳雷擊千墩泰柱塔

二十九年庚午冬大寒河凍月餘果樹皆死

三十二年癸酉夏旱冬多盜夜則火光燭天或云鬼兵

是歲荐

旨蠲免本年漕糧三分之一

三十四年乙亥四五月霪雨田禾淹沒過半

三十六年丁丑元旦雷秋大水

三十七年戊寅七月癸巳大風拔木平地水丈餘

四十四年乙酉吳家橋民婦產一物徧體生毛如獮猴頭長尺許有口眼無鼻生即叫跳擊殺之懸市竟日

四十六年丁亥大旱四月不雨至七月荐

旨全免來年地丁漕項錢糧并一應舊欠悉行停止

四十七年戊子夏霪雨秋復大風田禾皆沒是年條銀全免漕糧次年帶徵并截漕設粥以拯飢民

五十四年乙未夏大水田禾盡渰

六十一年壬寅夏大旱

雍正元年癸卯秋大旱河水盡涸

二年甲辰五月蝗八月己丑日海溢

三年乙巳三月望日大雨雹

四年丙午八月稻熟時霪雨水漲一二丈田禾俱渰奉

旨緩徵漕米三分并截漕賑濟

六年戊申夏大旱十月火焚朝陽門譙樓

八年庚戌十一月二十八日酉時地震

十年壬子三月雷震馬鞍山浮圖閏五月九日午時雨

雹七月十六日大風拔木海溢沿海民渰死無算本邑

田禾盡淹八月十一日海復溢海濱民幸生者乞食蘇
道新陽令施彬賑之斃者掩埋至數千聚試院門外枕籍死者尤多
十一年癸丑夏疫民多死秋旱稻秀遇風歉收奉文米
完漕糧半以銀納每石折價一兩米價稍減
乾隆四年己未四月十日大雨雹損麥
六年辛酉六月十三日蓬閬鎮撤網邨白龍捲去民房
十七家器物雞犬燾入雲際邨民伏草中得免侯姓有
棺亦捲去崑令蔣迪新署令丁元正勘驗賑之六月二
十五日巴城鎮西席家潭白龍捲去周家莊大舟幷二
人墜巴城三里岸渚復捲鎮民盛姓踰里許擲地身無
恙巴城湖濱每圻插鏁根蘆一枝

七年壬戌六月十一日雷震儒學尊經閣獸尾

八年癸亥四月九日大雨雹傷麥十一日復雨雹兩縣令捐俸賑之

九年甲子二月十一日雷震馬鞍山浮圖末級二月十五日新洋江口有大魚長二丈許背如鯖白腹無鱗口噴水五六尺半日乘風鼓鬣復過新關出海太倉汛兵弓矢火槍俱不能傷

十一年丙寅正月木冰六月丙子日飄雪己卯庚辰日雪花復飛

十二年丁卯七月十四日青虹貫日午後大風拔木揚沙海水泛溢沿海諸州縣民多溺死冬無雪

十三年戊辰四月四日夜大雨雹明日尤甚菜麥俱損有擊死人牛者五月後米石銀三兩外冬暖梅李放華崑蟲不蟄臘盡始有雪

十四年己巳夏五月二十六日雷震馬鞍山浮圖

十八年癸酉秋旱米價騰踊

十九年甲戌冬吳淞江一帶有神火出沒官疑爲盜跡之無有

二十年乙亥八月十七日至十九日三晝夜雨如翼田禾微紅蟲災大作蟲名蝦蛄飛則成團集則密布一聚於苗脂脊立盡歲大饑米石錢三千五百時交秋分節巡撫已奏成熟學使李因培引詩蟊賊之文爲疏解其義與巡撫合奏得

旨蠲緩有差蠲於二十二年奉

旨豁免元年以後至十年止積欠錢糧

二十一年丙子春夏大疫時承大災之後兩邑令勸募設粥賑濟飢民就食者病斃於道相枕藉趨不能給以葦席掩埋之入秋始止

二十四年己卯八月蟲生苗節災荒同乙亥題准蠲賑

二十六年辛巳被水偏災題准蠲緩

二十七年壬午被水偏災奉

旨蠲緩并豁免災田緩徵帶欠

三十年乙酉秋地震彗星見

三十一年丙戌被水偏災題准蠲緩

三十三年戊子大旱

三十四年己丑夏大風雨雹拔木倒屋陳墓一帶傷民畜甚多秋彗星見是年大水歉收題准蠲賑

三十六年辛卯被水偏災題准蠲緩

三十八年癸巳秋太白晝見

四十三年戊戌六月雷震馬鞍山東峯文昌宮

四十六年辛丑六月十八日戊時大風雨拔木損屋古墓華表攝去里許而隧海水泛溢沿海州縣人畜廬舍漂沒無算潮水赤色逆至和地西流直達蘇州城濠境内水驟長四五尺而澱湖水涸至見底數日始復

四十七年壬寅夏六月二十五日卯時地震秋八月有

愆暘不節歲歉收

四十八年癸卯秋九月三十日子時地震

五十年乙巳春二月西北有星光燭天地如月夏五月旱至七月下旬始雨冬十一月初旬邑四鄉曠野有燐火出沒倏忽盈千累百忽聚忽散民疑爲盜遠望不果許迫之又在他處四境騷然各添巡槍梃鳴鑼徹夜防禦後旬方息

五十一年丙午五月十六日亥時有星自西北隕於西南光大如斗是夏多疫米石價銀五千二百閏七月望夜濟眞觀大通明殿災冬暖

五十二年丁未二月二日有星孛於昴畢間六月八日

午時有黑氣自東貫日而西化爲雲瀰漫黯淡逾時乃滅二十日巳時日暈如前盡未始散

五十三年戊申春三月新陽孝人塘地中有聲如牛

五十五年庚戌正月四日亥時赤虹見於北方四月五日雨雹大如斗破屋瓦

五十六年正月十三日雨黑水夏大水傷稼題准緩徵

五十八年癸丑春久雨傷麥時米價每石錢三千五百小麥每石錢三千八百夏大水禾苗多淹題准蠲緩有差蠲於五十九年奉

旨豁免五十六八兩年災田帶徵錢糧

五十九年甲寅七月六日大風雨一晝夜拔木偃禾

嘉慶元年丙辰正月九日大雪盈尺花木多凍死

三年戊午十月晦日戌時星隕如雨四更方止

七年壬戌除夕黃霧自酉至亥方散黑色瀰漫對面不見人有失足臨河殞者

九年甲子夏五月霪雨兼旬陸地水深尺許田禾盡淹飢民糾黨擄取富家儲米官嚴懲之仍勸募平糶賑濟四境始安減本年漕糧緩徵舊欠

十六年辛未秋七月彗星見北斗旁後漸移向南長而細散如髮經三月乃滅或謂之髮星

十九年甲戌春正月四日夜沿江鄉鄰忽有燈火萬點見者驚傳寇至其火分水陸陸行者似有人身及足而

不見首水行沓隱隱見舟檣而不見人數十里間擾攘並起至四鼓方止後遂寂然夏大旱城內外河底俱涸地生白毛米石錢五千六百十三年元日夜亦有神燈之異惟在陽城湖中耳

二十二年夏五月二十六日龍見大風拔木車塘能仁寺銀杏樹大可四圍拔壓山門俱圮惟金剛神像無損

二十四年己卯夏六月至八月不雨時吳淞江初濬潮水溶至民田藉以灌溉七月二十日至二十二日有赤霧其潤如雨或曰甘露降是年大旱而歲仍稔惟新陽縣東北鄉間有偏災勘准緩徵

二十五年庚辰秋民疫

道光元年辛巳夏秋大疫民多驟死鄉鄙尤甚市棺者價

縣增數倍匠役工食亦如之貧民至不能具棺好義者

爲置工市材以給入冬始止

三年癸未夏五月望後大雨浹旬晝夜不止水長七八

尺低窪至沒膝禾苗俱沈水底六月水漸退七夕後復

連晝夜大風雨滃斃人畜草房舊屋橋梁多倒塌停棺

悉漂蕩（憲檄行縣敎善堂遵奉收撈葬埋於義塚）無籍飢民糾黨攘取富戶

稟園官懲以法始稍戢冬初水漸退春

各發帑賑卹蠲緩有差並勸募富戶助賑當甫蠶時有蟲

如蠶而大到處佈塞數日後寂然（此與明萬歷戊申所紀無異）

五年乙酉秋八月初旬遄夕有飛蟲自東南盤旋至西

北飛聲虺虺蔽滿如霧（間有飛集蘆消蘆盡毀折取視大可盈寸背甲甚堅）

紀兵

邑非重鎮衝途而自晉以來兵燹所及代皆有之明季所遭尤烈生長太平者所宜知也不可以不誌

晉咸和三年蘇峻將張健等掠吳城燒府舍掠諸縣所在塗地晉書王舒傳義興太守顧眾自海虞由婁縣東倉與賊別率交戰破之晉書顧眾傳

咸和六年正月癸巳石勒將劉徵寇婁縣遂掠武進乙未進司徒郗鑒都督吳國諸軍事晉書

隆安四年十一月吳國內史袁山松築滬瀆壘詳古蹟以備孫恩五年孫恩陷滬瀆殺袁山松死者四千人十二月劉裕追孫恩至滬瀆海鹽大破之恩遂遠竄入海通鑑

○宋

【光緒】崑新兩縣續修合志

（清）金吴瀾、李福沂修
（清）汪堃、朱成熙纂

清光緒七年（1881）刻本

祥異

邑之紀祥異猶史家之志五行也災祥於是乎徵邑境自唐以前不可攷趙宋及今凡星象風霾水旱以迄草木禽魚不恆見者輒備錄之以爲占驗之助

宋

淳化四年癸巳十月太白犯南斗三吳歲饑民疫知蘇州宋璫曰斗爲吳分民方饑天象如此長吏得無咎乎

景祐初郡水災轉運使委平江節度推官張去惑分捍水道

熙寧中崑山旱蝗平江軍節度推官邊珣督捕瀕海萑葦

互盤蝗集其下殉命連挺碎根植於上而斃之諸郡皆
以爲法

元豐元年戊午七月四日夜蘇州大風雨水高二丈餘漂
崑山張浦沙保六百戶悉盡惟餘五戶空屋人亦不存
四年辛酉大風潮海水溢民居傾者大半學宮悉倒

景定三年壬戌平江蝗不爲災知平江朱熠奏聞

元

元貞五年秋七月戊戌晝晦暴風雨雹並發江湖泛溢瀕
海傍江之民災傷不可勝計朝廷以米八萬七千餘石
賑之

大德五年辛丑秋七月風潮飄蕩民廬死者八九海道千

戶朱旭運米千石以拯其患

泰定元年甲子五月崑山州饑

明

洪武十一年戊午七月初四立秋日大風海溢

二十三年庚午秋七月海風自東北來拔木揚沙峻阜高陵皆爲漂沒三洲一千七百餘家盡葬魚腹

正統七年壬戌夏大水七月十七日颶風拔苗巡撫侍郎周忱預奏存留崑山縣糧米五六萬石賑之

景泰五年甲戌大水民饑疫作知縣鄭達賑之

六年乙亥蘇松大饑民疫斗米百錢死者交錯於道

七年丙子夏秋大旱

天順五年辛巳七月海溢崑縣人溺死甚衆
成化十五年己亥五月晦酉時有星芒大如杯長尺許有
聲自北流南而沒
十六年庚子八月十日酉時天火墜如盆碧烟絪緼竟
天久方息十二月二十一日夜長星見南二夕而滅自
後海寇大作
十七年辛丑九月淫雨爲沴連郡田稼滅沒野多餓莩
巡撫劉魁奏請賑卹會魁去不果行
十九年癸卯正月七日凌晨雨著木成氷如纓絡葆幢
萬樹皆然漢書五行志木氷爲木介
宏治二年己酉十月五日東北大星隕聲如雷光燭天地

五年壬子大水禾稼無收民飢知縣楊子器發錢穀易
口賑濟次年無穀民不能耕種又自他邑載稻種請各
鄉分給之
六年癸丑水災右副都御史何鑑巡撫江南用便宜發
漕米賑饑與侍郎徐貫疏吳淞白茆諸渠
十年丁巳冬暖無雪十二月羣草木皆吐華
十二年己未三月大水野田如江湖菜麥皆爛死七月
朔海潮赤如血潮退沙泥猶然
十八年乙丑九月十三日地震有聲白毛生
正德四年己巳七月七日大雨傾注一晝夜不盡溺民多
死徙

五年庚午春夏霪雨水勢更大於己巳民乏食餓莩滿路積屍盈河鄉民嚴春出己地瘞之復懸金示賞於是鄉民爭先掩埋知縣方豪具奏免漕

十三年戊寅四月新洋江東姚氏有青龍偃臥牆下長數尺塾師誤認爲蛇以竹擲之不中旋即飛翔霄漢尾植天際頭角迤邐向下大風拔木頃之又一白龍從西南來二龍游戲天表姚氏積貯席捲殆空越三日大雨漂沒田麥僅露芒穗小民沒股刈以登場甚艱於食

嘉靖元年壬午七月二十五日颶風大作一晝夜拔木發屋舟行漂沒者無算

二年癸未旱米石銀二兩

八年巳丑夏六月飛蝗蔽天八月大水

二十三年甲辰大旱蝝食苗

二十四年乙巳大旱河渠皆涸野多餓莩

三十四年乙卯倭亂後疾疫繼作民多死亡巡撫周珫巡按周如斗相繼奏請蠲租得俞旨凡倉糧已徵在官者悉令散還男婦爭赴倉廒負載而歸歡聲載道

四十年辛酉春雨雪不止四五月霪雨江湖漲溢禾苗盡渰郭門外一白無際老幼避水入城者多餓死

四十二年癸亥二月有海魚入新洋江二旬不去夜嘗臥於沙灘早行者擊斃之獻於縣其魚圓身色白而無鱗頭目如豕兩耳卷然尾如鳥尾有陰戶在下腹身長

數尺莫識其名未幾玉峯倉白日起火漕米尚未交兌
知縣彭富率兵民救之僅存其半
隆慶三年己巳大水四年庚午復大水歲祲知縣王用章
請於巡撫海瑞奏改折漕米萬石
萬歷二年七月五保帆歸鄉朱姓家有異鳥集舍前色如
墨大如鵝斂入室中朱捍之鳥以翼擊其臂痛入骨髓
頃之雷電交作風雨大至屋瓦盡飛場間所貯稻囷及
浣濯之衣無一存者
四年丙子大水高下皆沒
十七年己丑夏大旱
三十六年戊申四五兩月連雨五十日吳中大水田皆

淤沒城中街道積水深可泛舟雨後忽生蟲狀如蝨而大三倍之朝暮聚空中望若烟雲其聲如雷但不嚙人人謂之荒蟲凡二十餘日忽無子遺不知何往是歲無蝦大盛或言蝦是此蟲所化王志慶漢陰樸志云戊申大水災荒爲百年所無是時周公孔教巡撫吳中上疏痛切竟得蠲賑平糶勸分亦皆有法米價不過斗百錢耳幸吾邑者爲秀水祝耀祖於徵比亦有深心舅氏張德程出粟千石濟飢民實賴之文震孟爲之傳

三十七年己酉大水明年庚戌又大水

四十年壬子夏不炎蒸入冬無雪民大疫

天啟四年甲子夏大水後大旱民饑十二月地震彗星見董志曰是年災與戊申等而民貧賦重困倍於前幸是冬漕米全折民得稍蘇時邑紳顧秉謙在政府故恩例不同他邑

六年丙寅七月朔怪風大雨發屋拔木

崇禎六年癸酉六月二十五日怪風大雨城中石牌坊塌倒甚多

十年九月十三日雨雪

十二年己卯秋馬鞍山徧開金鐙花巉巖點點若灑血其時河水盡赤嗅之有血腥先是夏六月丈筆峯右二大石崩聲如雷對峙山下

十三年庚辰六月大旱婁江淤斷飛蝗蔽天七月一日有僧大呼云且看十七夜是夜城內外民家鍋底作山水草木器械人形種種不一又有作大士關聖像者或黃色書瘟字是年大疫鍋底無書者俱得免

十四年辛巳夏大旱至和塘吳淞江皆涸天雨豆色赤

而細味苦澁民大疫死者相枕藉斗米銀三錢秋蝗民屑榆皮爲食飢民相聚剽劫太倉知州錢肅樂攝縣事嚴懲以法仍設粥平糶民稍定葉志稱明年春嬰稺盈路邑紳王永祚擇舍剏屋數十間召老嫗之無依者數十人各給衣食收養棄孩飼粥糜勤辦撫凡三月至麥熟各歸其父母全活無算貧士陳復斂錢收葬遺屍及千云云按王氏宗譜永祚自鄉撫歸在十五年壬午則壬午年春不應有收恤嫛嬰之事或永祚妻子所爲亦未可知葉爲同時人當非無據故存之

十五年壬午五月王三賓家李樹生王瓜諺曰李樹生瓜民間無家

崇禎之季邑中喜服大袖衣袪縫至踐地婦女忽用貂衣裹額識者以爲服妖

國朝

順治元年甲申秋茆內生白毛又地生白毛

二年乙酉春積雪彌月六月無露是夏有童謠云富家莫造屋貧家莫喫粥七月初五六大家洗箇浴未幾復改第三句云八月十五六以後觀之七月初五六層洗之驗也（初六以前尙未奉國朝正朔）八月十五六霪雨驟加于鄉洗浸之驗也閏六月二十九日黄昏時星河明燦忽有黑氣橫天自東至西北頃之化爲長虹久而不滅七月望後薄暮有青氣三道從東貫西橫亘中天逾時始滅

四年丁亥五月西門外嚴子祥家李樹生王瓜是歲大旱民饑米石銀四兩

五年戊子閏三月三日大雨雹大者如斗破屋殺畜

八年辛卯正月二十五日夜子時地震夏大水田皆不

蔣死亡甚衆邑人朱纘宗率衆叩閽籲荒改折漕米十分之七六月至七月彗星見米石銀四兩二錢除夕雷

十二年乙未二月五日未時地震聲如屋傾從西北迤東而去十二月有白龍見東南

十四年丁酉七月九日雷震馬鞍山浮圖是月城內驚傳夜有物入室爪傷人膚有痕或曰狐妖或曰黑眚是年湖寇橫行十二月二十四日夜崑山城隍廟災

十五年戊戌八月二十三日申時地震有聲

十七年庚子六月五日雷復震馬鞍山浮圖

十八年辛丑正月四日夜彗星見東南指西北六月三日城內外晨起見門戶上多作圈及字形皆紅色密察

皆然初六日民家曝金剛經無風忽飛去凌空天矯有見爲人形者有見爲物形者良久而墜七月十日民家曝衣席及金剛經復飛上天久之乃墜閏七月望日城中登樓者見有赤色赤衣小兒飛行人家屋上是歲旱

康熙三年甲辰九月二十二日午時地震聲自南而北十一月朔彗星見初旬從雞鳴時起長二丈許至下旬初昏即見長五六尺凡一月而滅

五年丙午十二月河冰生花如畫

六年丁未十二月二十七日雷虹見

七年戊申正月二十六日夜西方有白氣如虹從乾至坤末銳而昂十餘日始滅三月大風天雨花花大小糾

結紅白相間四五月霪雨五月二十二日雷震大雨北鄉新村有龍慳村民見巨人二頎而黑入土穀祠遂蟄晦風雨中人畜廬舍忽失所在重舟掀墜樹顛死傷甚衆被災之處約十五里西至常熟東至太倉俱罹其害至六七月天始晴太白晝見六月十七日戌時地震有聲後四五日地生白毛長三寸許火之臭如牛毛二十七日夜地又震十月二十九日薦嚴寺大殿災十一月十二日夜地又震

九年庚戌夏霪雨無麥新苗湮沒六月十三日大風太湖溢水暴漲丈餘平陸成巨浸田高下一夕盡淹城中石牌坊多崩七月五日申時地震有聲冬民大饑是歲水災屢於順治辛卯知縣董正位六月涖任親勘報災巡撫馬祐疏請得邀蠲折民命稍甦自冬至明年春飢民栽

道縣官同紳衿舉同善會分賑各門董令捐俸并募鄉城共設粥廠十餘處巡撫發俸銀一百二十兩司道府捐助有差邑紳李可汧捐千餘金葉方藹盛符升等與義民協力施助近城設廠各給米散遣歸農

十年辛亥大旱

十一年壬子七月飛蝗過境不傷稼八月朔民間驚傳有鬼繞城夜號是月田禾生螟多槁死知縣董正位勘報秋災巡撫馬祐疏請蠲正賦十分之一

十三年甲寅春蚩尤旗見光芒燭天

十五年丙辰六月三日霪雨三晝夜田禾盡淹秋冬大饑邑紳徐秉義等募設粥廠全活甚眾

十七年戊午大水蠲停地丁漕項銀有差是年馬橋王氏婦產一龍麟甲俱全家人駭而斃之

十八年己未三月至八月不雨飛蝗蔽天斗米一三錢奉
旨蠲免十年十一年舊欠錢糧其十三四五六等年錢糧分年帶徵十分荒者免本年稅銀十之四七分荒者免其三六分荒者免其二

十九年庚申八月二日夜大風雨徹旦民居室中積水米價涌貴每石二兩三四錢二十三日霪雨五晝夜禾苗俱淤奉
旨蠲免被災田畝錢糧十分之三緩徵被災漕米十一月二日冬至黃昏西天有白氣長十餘丈至二十日始沒

二十二年癸亥春霪雨無麥十二月九日夜震雷

二十六年丁卯七月大風水傷禾

二十七年戊辰二十八年己巳俱有蝗食禾

二十八年己巳雷擊千墩泰柱塔

二十九年庚午冬大寒河凍月餘果樹皆死

三十二年癸酉夏旱冬多盜夜則火光燭天或云鬼兵

是歲奉

旨蠲免本年漕糧三分之一

三十四年乙亥四五月霪雨田禾淹沒過半

三十六年丁丑元旦雷秋大水

三十七年戊寅七月癸巳大風拔木平地水丈餘

四十四年乙酉吳家橋民婦產一物遍體生毛如獼猴頭長尺許有口眼無鼻生即叫跳擊殺之懸市竟日

四十六年丁亥大旱四月不雨至七月奉

旨全免來年地丁漕項錢糧并一應舊欠悉行停比

四十七年戊子夏霪雨秋復大風田禾皆沒是年條銀

全免漕糧次年帶徵并截漕設粥以拯飢民

五十四年乙未夏大水田禾盡淹

六十一年壬寅夏大旱

雍正元年癸卯秋大旱河水盡涸

二年甲辰五月蝗八月己丑日海溢

三年乙巳三月望日大雨雹

四年丙午八月稻熟時霪雨水漲一二丈田禾俱淹奉

旨緩徵漕米三分并截漕賑濟

六年戊申夏大旱十月火焚朝陽門譙樓
八年庚戌十一月二十八日酉時地震
九年辛亥十月地震
十年壬子三月雷震馬鞍山浮圖閏五月九日午時雨雪七月十六日大風拔木海溢沿海民淹斃無算本邑田禾盡淹八月十一日海復溢海濱民幸生者乞食載道新陽令施粥賑之斃者掩埋至數千聚試院門外枕藉死者尤多
十一年癸丑夏疫民多死秋旱稻秀遇風歉收奉文未完漕糧半以銀納每石折價一兩米價稍減
乾隆四年己未四月十日大雨雹損麥
六年辛酉四月有星如彗至九月漸移西南及冬而沒

六月十三日遂閭鎮撒網邨白龍捲去民房十七家器物雞犬盡入雲際邨民伏艸中得免侯姓有棺亦捲去崑令蔣廸新署令丁元正勘驗賑之六月二十五日巴城鎮西席家潭白龍捲去周家莊大舟并二人墜巴城三里岸諸復捲鎮民盛姓踰里許擲地身無恙巴城湖濱每坵插無根蘆一枝

七年壬戌六月十一日雷震儒學尊經閣獸尾

八年癸亥四月九日大雨雹傷麥十一日復雨雹兩縣令捐俸賑之

九年甲子二月十一日雷震馬鞍山浮圖末級二月十五日新洋江口有大魚長二丈許背如鯖白腹無鱗口

噴水五六尺半日乘風鼓盪復過新閘出海太倉汛兵弓矢火槍俱不能傷

十一年丙寅正月木冰六月丙子日飄雪己卯庚辰日雪花復飛

十二年丁卯七月十四日青虹貫日午後大風拔木揚沙海水湧溢沿海諸州縣民多溺死冬無雪

十三年戊辰四月四日夜大雨雹明日尤甚菜麥俱損有擊死人牛者五月後米石銀三兩外冬暖梅李放花昆蟲不蟄臘盡始有雪

十四年己巳夏五月二十六日雷震馬鞍山浮圖

十八年癸酉秋旱米價騰踊

十九年甲戌冬吳淞江一帶有神火出没官疑爲盜跡之無有

二十年乙亥八月十七日至十九日三晝夜雨如墨田水徵紅蟲災大作蟲名蝦蚄飛則成團集則密布一聚於苗脂背立盡歲大饑米石錢三千五百時交秋分節巡撫已奏成熟學使李因培引詩螟螣蟊賊之文爲疏解其義與巡撫合奏得旨蠲緩有差是年異災民多餓殍邑人李棟收養棄孩新令某不卹民瘼時奉憲撤勘荒者有吳江主簿祝某承勘張秋等區最爲公允嗣於二十二年奉旨豁免元年以後至十年止積欠錢糧

二十一年丙子春夏大疫時承大災之後兩邑令勸募

設粥賑濟飢民就食者病斃於道相枕藉槥不能給以
葦席掩埋之入秋始止
二十四年己卯八月蟲生苗節災荒同乙亥題准蠲賑
二十六年辛巳被水偏災題准蠲緩
二十七年壬午被水偏災奉
旨蠲緩并豁免災田緩徵帶欠
三十年乙酉秋地震彗星見
三十一年丙戌被水偏災題准蠲緩
三十三年戊子大旱
三十四年己丑夏大風雨雹拔木倒屋陳墓一帶傷民
畜甚多秋彗星見是年大水歉收題准蠲賑

三十六年辛卯被水溺災題准蠲緩

三十八年癸巳秋太白晝見

四十三年戊戌六月雷震馬鞍山東峯文昌宮

四十六年辛丑六月十八日戌時大風雨拔木損屋古墓華表擁去里許而鹽海水泛溢沿海州縣人畜廬舍漂沒無算潮水赤色適至和塘西流直達蘇州城濠境內水驟長四五尺而澱湖水涸至見底數日始復

四十七年壬寅夏六月二十五日卯時地震秋八月有蟲嚙禾節歲歉收

四十八年癸卯秋九月三十日子時地震

五十年乙巳春二月西北有星光燭天地如月夏五月

旱至七月下旬始雨冬十一月初旬邑四鄉曠野有燈火出沒倏忽盈千累百忽聚忽散民疑為盜遠望不里許迫之又在他處四境騷然各添置槍炮鳴鑼徹夜防禦兼旬方息

五十一年丙午五月十六日亥時有星自西北隕於西南光大如斗是夏多疫米石價錢五千二百閏七月望夜清眞觀大通明殿災冬煖

五十二年丁未二月二日有星孛於昴畢間六月八日午時有黑氣自東貫日而西化為雖瀰漫黯淡逾時乃滅二十日巳時日暈如前藹未始散

五十三年戊申春三月新陽孝人姥地中有聲如牛

五十五年庚戌正月四日亥時赤虹見於北方四月五日雨雹大如斗破屋瓦

五十六年正月十三日雨黑水夏大水傷稼題准緩徵

五十八年癸丑春久雨傷麥時米價每石錢三千五百小麥每石錢三千八百夏大水禾苗多淹題准蠲緩有差嗣於五十九年奉

旨豁免五十六八兩年災田帶徵錢糧

五十九年甲寅七月六日大風雨一晝夜拔木偃禾

嘉慶元年丙辰正月九日大雪盈尺花木多凍死

三年戊午十月晦日戌時星隕如雨四更方止

七年壬戌除夕重霧自酉至丑方散黑色瀰漫對面不

見人有失足墮河殞者

九年甲子夏五月霪雨兼旬陸地水深尺許田禾盡淹饑民糾黨攘取富家儲米官嚴懲之仍勸募平糶賑濟四境始安減本年漕糧緩徵舊欠

十六年辛未秋七月彗星見北斗旁後漸移向南長而細散如髮經三月乃滅或謂之髮星

十九年甲戌春正月四日夜沿江鄉邨忽有燈火萬點見者驚傳寇至其火分水陸陸行者似有人身及足而不見首水行者隱隱見舟檣而不見人數十里間擾攘並起至四鼓方止後遂寂然夏大旱城內外河底俱涸地生白毛米石錢五千六百十三年元旦夜亦有神燈之異惟在陽城湖中耳

二十二年夏五月二十六日龍見大風拔木車塘能仁寺銀杏樹大可四圍摧壓山門俱圮惟金剛神像無損

二十四年己卯夏六月至八月不雨時吳淞江初濬湖水洊至民田藉以灌溉七月二十日至二十二日有重霧其潤如雨或曰甘露降是年大旱而歲仍稔惟新陽縣東北鄉間有偏災題准緩徵

二十五年庚辰秋民疫

道光元年辛巳二年壬午夏秋大疫民多驟死鄉邨尤甚其症吐瀉轉筋即時殞命鍼刺醫藥百中僅活數人問疾送殮傳染無已甚有全家俱斃者以致肆中無棺可售市棺者價驟增數倍匠役工食亦如之貧民至不能

具棺好義者爲覓工市材以給入冬始止

三年癸未夏五月望後大雨浹旬晝夜不止水長七八尺低衙至沒膝禾苗俱沈水底六月水漸退七夕後復連晝夜大風雨浹幾人畜草房傾屋橋梁多倒塌停棺悉漂蕩憲檄行縣敦善堂恭收撈埋見淺塚遭無藉飢民剝棺攘取富戶廩園官懲以法始稍戢浙介來汝綠辦災最善以勞瘁卒官士民惜之冬初水漸退恭

旨發帑賑鄉鎮紳衿有差並勸募富戶助賑當雨雪時有織如蝨而大到處布滿數日後寂然此與湖蕩歷戊中所紀無異

五年乙酉秋八月初旬連夕有飛蟲自東南盤旋至西北飛聲咄咄蔽滿如霧間有飛集蘆蕩盡毀折取視大可盈寸背甲甚堅

十一年辛卯秋水漲岸膛皆沒鄰省水災流民載道廹

請緩征

十四年甲午夏秋之交久旱不雨河水就涸民方憂旱早稻已熟八月十四日天忽陰小雨霖霖民咸有喜色頃之雨未甚而河水漸漲轉眼漸大入夜風雨不休明日視之水浮於岸未幾屋中皆水低者至不能炊所熟之禾俱浮水底日光照燭其色紅黃浪湧如海農人但駕小舟於水中割取稻穗後天氣漸冷晚稻難於割取被野兔喫食淨盡自此以後每至冬間野兔輙至蔡飛蔽天聲響如雷或曰此名寇鴨地方恐被寇至歲豐未果應

二十年庚子秋黃昏後有星形如匹練自東而西光射簷欞是年秋水漲淤禾僅露茲穗農人逼舟田中沒股以刈二十二年亦然

二十三年癸卯春三月落一巨星無數小星從之光燭燭天

二十六年丙午夏六月地震

二十八年戊申四月麗澤門南村豎長港田中有聲似洪鐘見一鳴蛙大如升純黑色捕而稱之重及觔或曰此名海蛙主疾風猛雨屢遭水患

二十九年己酉夏五月大雨傾注晝夜不息河水暴漲丈餘田廬街巷在巨浸中水甚於癸未年民間停柩漂

沒無數是年高下田無收米價昂貴每石值錢六千遍
地飢民慘不忍言奉
旨發帑賑邮綏有差城鄉殷富議糶平米設粥廠施棉
衣民情稍定冬疫厲盛行棺木無資半多藁葬至明年
五六月疫始平
咸豐元年辛亥正月三日夜野有燐火色深而碧至和塘
上尤多忽大忽小時合時分望之在前逼之又杳鄉人
爭鳴鑼放鎗以逐之秋七月晦夜大風拔木折房破屋
倒坍無算淩霄塔頂吹落至八月朔晚風始漸息
三年癸丑春三月七日地震河水傾潑房屋動搖食頃
始定初九日地又震至三四月間共震十餘次又天將

曉啟明有二星秋九月十八日薄暮黑虹亙空

四五年間不時地震忽一夜有聲如雷隕於西南地爲撼動

六年丙辰夏大旱河港多涸陽城隗偏諸河步行可通農民望水甚殷八月飛蝗蔽天集田傷禾鄉人鳴鑼驅逐或爭捕焚然卒不能淨後連遇陣雨始滅步玉案之右山石忽裂丈餘裂處有如米粒無數色黑見者驚異

是年禾麥均歉收

九年已未秋七月十五日西鄉項埭郵某姓素武斷是日天大雷電空中將某攝去長跪郵廟前手捧西瓜碎慙一聲遂擊斃視其背有火烙蝌蚪文兩行人莫能識

又緯墩山同時鑿燬兩收蠶年皆稀幼

十年庚申春連月陰雨有童謠云細雨紛紛不見天愛愁只在一九年立夏日霏雪自辰至未積約一寸是時鎮江張帥國樑大營兵潰至四月二十六日髮逆由西東下大隊竄至竄踞邑城民生塗炭果應其讖六月彗星見光芒長二丈餘

十一年辛酉夏五月二十六日彗星見於西北方光芒數丈至六月中始沒冬十二月二十七日大雪二晝夜高積四五尺大小河港膠凍歷半月餘人畜樹木凍斃無數相傳百餘年來無此嚴寒甚雪時吳中遍地賊氛道路不通炊煙幾絕

同治元年壬戌夏六月彗星見光芒約三丈許秋八月既望淫雨十晝夜河水暴漲插蒔田禾半浸水中斗米千錢道殣相望疫癘大行有全家病歿者瑣尾流離至斯爲極

二年癸亥春三月十二日西鄉雙廟郵中地有聲如吼自東迤西大風隨之以行

三年甲子夏六月初十日夜大風拔木壞屋城廟石牌坊多傾圮

五年丙寅四月十八日夜二更大風拔木壞民廬舍倒坍石牌坊不一是年至五年六年七年入夏多雨水時吳淞未濬低窪之區一遇大雨即有淹沒田禾之患

九年庚午冬木冰狀如花片樹樹皆盈

十年辛未芝産於崑邑闕匾二圖泗下邨後平原

十三年甲戌秋有星芒起自西北方光沖北斗

光緒二年丙子夏六月有妖人翦紙壓人鄉里騷擾徹夜不安多擊鑼聲以祛之八月中方息九十月間多火災邑中大街延燒數百家

三年丁丑夏五月二十三日大風午後更甚河水因風捲泗民房吹倒無數行舟尤多漂沒至有數百年古木拔根摧折秋有蝗冬十一月二十六日虹見西北方是夜北鄉蓿匾藺漕村樹裂有聲天明視之大樹八株皆中裂而枝葉仍茂或曰地瞋也

四年戊寅冬十二月嚴寒林木人畜多凍斃

紀兵

邑非重鎭衝途而自晉以來兵燹所及代皆有之明季所遭巳烈○國朝咸豐同治際粤逆竄踞四載兵燹尤爲慘酷生長太平者所宜知也不可以不誌

晉咸和三年蘇峻將張健等掠吳城燒府舍掠諸縣所在塗地晉書王舒傳義興太守顧衆自海虞由婁縣東倉與賊別率交戰破之顧衆傳

咸和六年正月癸巳石勒將劉徵寇婁縣遂掠武進乙未進司徒郗鑒都督吳國諸軍事晉書

隆安四年十一月吳國内史袁山松築滬瀆壘詳古蹟以備

【民國】崑新兩縣續補合志

連德英修　李傳元纂

民國十二年（1923）刻本

祥異

古者日月薄蝕星辰淩犯人君皆恐懼脩省自歐學東來五行家言幾於亡矣然歐人於天文氣象亦伺察維謹滋科學所繫不徒爲占驗之用也故仍詳識之

光緒七年辛巳五月彗星見於大火

八年壬午六月二十三日未刻地震聲自東北來　七月彗星見

十一年乙酉秋疫氣橫行猝不及治冬十月二十一日夜二更時衆星紛移縱橫如織至四更方息

十二年丙戌十月十六日申刻東南東北行七龍挂下

取水在瀫湖左右三里許
十四年戊子三月地震　四月雨雹
十五年己丑八月二十四日雨十月初五日始止水高六尺許平陸成巨浸高低田禾盡淪崑新兩令親行踏勘申報秋災巡撫剛毅具疏入奏奉旨發帑賑卹蠲免闔郡漕糧水旣退田禾損傷者十之三四高區仍有秋惟米價騰貴石銀四元　十二月地震有聲　是年七月虬爆農民至無錫購秈染疫歸延蔓死者無數
十七年辛卯芒種無雨城河盡涸五月十八乃雨始插蒔九月大雨連旬視己丑年之水僅少一尺
十八年壬辰七月鶴浦鄉有怪物晝隱夜見形如黑旋

狗哏多有被斃者　十一月冰凍吳淞婁江及澱山趙田陽城巴城諸湖皆膠冰厚二尺餘人皆履以往來二旬後凍始解　十二月二十九夜野有燐火鄉人鳴鑼放鎗以逐之是年大熟

十九年癸巳九月大雨雹

二十年甲午地生黑毛如猪鬃

二十三年丁酉秋蟲東南鄉更甚

二十五年己亥二月鄉人掘土得黑米蘇屬均有之

二十六年庚子三月初十日辰時陰雲密布晦冥無光人家俱秉燭巳時始明秋蟲是年江蘇等省同日風鐘

二十七年辛丑五月雨水暴漲三四尺六月十四日大

風晝夜不息十八始止
二十八年壬寅秋大疫市肆爲空始喉症繼時痧八月龍陣南星瀆集慶菴古銀杏兩株千年物也高出雲霄爲風攝去樹頂如倒
三十年甲辰十二月十二日北方電光閃爍雷聲隆然十五日未刻雷雨戌刻雷電交至大雨如注
三十一年乙巳十二月十五日大雷雨
三十三年丁未六月彗星見於元枵匃日而隱
三十四年戊申七月流星自紫微垣西行狀如匹布光耀入目至大粱而墜
宣統元年己酉六月彗星見於畢觜月餘始隱十一月二

十八日夜臨朐西一帶地震猛烈異常十二月十五日黃昏時分有星在庚方白氣上冲於火星之北如欃槍狀辛方亦有一星如彗秋蟲

二年庚戌四月二十三日辰時大雨雹是月彗星見於降婁

三年辛亥三月二十五日驟熱至二十七日熱甚如大暑日晡狂風大作行舟覆溺者無數六月十六日風復作村人驚恐號哭半時方息古木偃仆房屋傾圮無算黑虹見自降婁至壽星而沒春夏間多雨秋初南星澗鎮西廳漊有蝌蚪無算見水上子沈水中形如帶黑色大如菉豆外有白色黏液歷三時許沒入漊底父老言

蟛蜞出見必有大水七月初四日午後雨大作若河決至夜半乃止初六日復雨河水暴漲甚於光緒十五年高低田禾盡沒是月初四黎明天色赤如血起鷄尾漸周天是年　上諭籌賑大臣馮煦設立籌賑公所大發國帑崑新二縣賑給三千兩

崑新兩縣續補合志卷一

王祖畬纂修

【宣統】太倉州鎮洋縣志

民國八年(1919)刻本

祥異

太戊修德祥桑枯死景公一言熒惑退舍災異豈有常哉修人事以弭天變聖賢所以遇災而懼也宋臣林瑀以周易推演五行陰陽之變謂災異皆有常數不足憂而王安石倡行新法遂有天變不足畏之說此諛臣所以蔽災欺人君而誤天下來世也今據春秋書災異不書祥瑞之義（張宋志有二十七保獻白鴈白鵲之瑞今刪之）撮其水旱螟螽與夫一切變異之關於一邑者著於篇宋咸淳七年辛未有巨魚乘潮入橫瀝河形如象（按隋書如此者名建同）知縣朱象

祖縱之去是歲大潦元元貞五年乙未七月暴風雨雹江湖泛溢沿海民傷不可計朝廷發米八萬七千餘石振之大德五年辛丑七月風潮漂蕩民廬死者八九海道千戶朱旭運米千石以拯明洪武十一年戊午七月四日大風有大魚入城二十三年庚午海溢漂没民田三洲一千七百餘家永樂十二年甲午閏九月大風潮損禾蠲水災田租十四年丙申大旱二十年壬寅七月大風損禾宣德元年丙午水災蠲田稅正統元年丙辰海溢風潮傷禾命官田準民田起科仍減額有差時有二人各兼男女體人謂之二形子景泰二年辛未陸容

家產瓜一蒂五瓜是年朱勝三妻一產三男五年甲戌大水蠲漕糧天順間龔氏女一產三男成化十五年己亥九月二十日地震十七年辛丑春夏大旱蝗食禾秋大水十九年癸卯正月七日雨木冰形如瓔珞是年里人朱全家白日羣鼠與猫鬬猫屢却全臥見之以物投鼠不去起而逐之纔去見菽園雜記宏治五年壬子五月大水蠲免積年逋賦及四年夏稅秋糧有差六年癸丑五月大水七年甲寅大水冒城郭舟行入市八年乙卯水災蠲免積年逋欠糧草籽粒有差并免本年夏麥十之三十三年庚申海潮赤如血十六年癸亥大旱知州翟

敬請巡撫都御史魏紳奏免秋稅三之一共免米六萬九千七百六十一石有奇正德五年庚午夏水溢死亡載道是年起運稅糧俱量改折各衛所屯田籽粒視災之輕重蠲免七年壬申七月大風穀多粃是年以旱災蠲免秋糧有差十年乙亥大無麥斗米八十錢薪百斤錢五十十一年丙子三月三日張寅家天雨紅雨以甌盛之色久不變數日寅母卒時雙鳳士岡中聲如雷有氣從西北去春耕田間水湧草木盡偃十四年己卯水災蠲免夏稅有差嘉靖元年壬午七月己巳颶風作四面旋激雨奔注海溢民漂死無算知州劉世龍設法振

濟蠲免積年逋賦二年癸未冬地生白毛張采志是年正月擒圖山賊董效等俘入地震知州劉世龍多所原凡殺獲百七十四人海事復不靖冬見變說者謂地陰物白金色海賊相殺傷之應也七年戊子旱災蠲免被災全稅八年己丑春夏雨秋大旱蝗十二年癸巳雙鳳周氏宅一大鳥集鸛巢狀如天鵝鸛翔雲霄懼不下周氏主彎弓射之中其左脇有頃騰空去至直塘五里而墜居民得之重三十斤是歲主人丙難室人殃十八年己亥水災蠲免秋糧有差二十二年癸卯郭氏荒壟與金氏墓相去百步外各植樸樹合抱夜嘗有火如燈往來二木顛無數未幾郭氏樹朽折二豎子遇之卒死金氏主亡家破二十三

年甲辰旱災全免秋糧二十四年乙巳大旱河裂米石一兩五錢蠲免秋糧二十五年丙午春夏七浦潮兩至二十六年丁未九月十二日二十二都搏一虎州地平夷無虎來自北咸駭是月復有大魚入七浦過直塘返至花蒲口居民捕得馬首有足形約重二千斤時海濱張氏有白衣人焚紙卧榻前俄不見鄰家貢紙失四束榻上有蝦蟆食惡遣投者三卒在故處簷下一佛軸收輒卷去榻褥累氈上蓋簟火獨燒褥不及氈簟衣篋上小孔出火衣盡亦不及篋一家供先靈人過木主輒起觸空中撻女奴懸其衣號呼甚苦又雙鳳周錫家西廂

房設桌子無故自傾飯熟起看有雙雀入鍋爭食不畏熱亦不畏人塗松沈白頭家殺一雄雞腹中一小兒剖出五形具（張采志云時倭變將作故多怪兆三十一年寇入殺人如麻則其應也）三十三年甲寅旱海潮不入井泉枯除夕潮忽湧入七浦過沙溪市民爭持瓶罌汲水一渡而止是年獨免本年錢糧啟折起運之半三十四年乙卯春海上戰船一夕有火在桅斗中須臾散各船復聚入海海中哭聲沸又天雨如赤豆又如椎碎瑪瑙或間青白三十六年丁巳秋遠近傳有狐夜傷人面輒迷不醒擊金鼓徹夜不絕云妖人翦紙咒惑亂人或破之門設水盆照見輒墮得紙狐

爪中置鍼三十七年戊午夏大雨雹秋大旱巡撫周如
斗奏蠲田糧三十九年庚申八月十三都毛氏宅雨血
星隕如雨四十年辛酉大水民饑僵尸滿野賦稅益多
雙鳳故家大族堂室一空見元亭間話四十二年癸亥海魚
入新洋江豕首鳥尾有足形隆慶二年戊辰元旦大風
飛沙晝晦時宦者張進朝謬言選女入宮民間爭婚配
至失倫太倉尤甚事聞進朝棄市三年己巳海潮歲三
溢萬歷三年乙亥六月颶風連旬海溢五年丁丑劉河
岸有人鋤地深三尺得四狗皆㘞㘞作聲七年己卯振
水災蠲免稅糧十年壬午七月戊辰己巳大風雨拔木

江海及湖水盡溢漂没室廬人畜以萬計張采志云嘉靖壬午七月戊辰己巳亦如之是日俱有龍火之異前壬午禍微輕而遍是年禍甚而狹要之六十年所無人知遇一甲子而不知干支無一日之贏欠蠲免隆慶元年至萬歷七年逋賦又蠲十年分一應起存錢糧十之三時獲怪魚於璜涇壽山灣大首細頸盞海潮溢入十一年癸未大水十五年丁亥大水十七年己丑大水蠲免災田糧麥有差十九年辛卯七月十八日海潮漲次日譌傳倭寇至城門晝閉民奔竄相蹈藉溺死水中二十六年戊戌大水二十九年辛丑水災改折漕糧有差三十六年戊申四五月連雨四十餘日崑山志云雨後忽生蟲如蚊而大三倍之望之若煙雲其聲若雷第不嚼人人謂之

荒蟲江海水溢西南鄉水高至丈餘居民逃徙詔留稅銀振濟天啟三年癸亥地震四年甲子大水六年丙寅四月二十七日午後有雲氣如旗又似關刀在西北角長亙天色白後變紅紫經時而滅五月三日又見於東北形如緣其色紅赤四日又見類如意其色黑占者曰此太白蚩尤旗之變幻見王昊當恕軒偶筆七年丁卯水災蠲免起存額賦有差崇禎四年辛未七月大風穀粃木棉壞四鄉姦佃謀盡匿租中夜呼應燒田主房廬冬盡乃息十一月二十四日甚寒有微雪早見三龍掛天二十五日寒倍三龍復見十一年戊寅八月飛蝗蔽天傷禾時市

中多驚異魚如虎頭諸形又有黑光摩盪日旁見陳瑚確菴日記十二年己卯鶴王市地湧血見綏寇紀略十四年辛巳大旱蝗秋驟生蟲五色長寸許食棉花葉無遺張采志云五色蟲災民益絶望有衢州人見之驚喜云彼中此蟲食菉豆至春上冬青樹結窠房土人剖取作白占利十倍今年蟲忽絶豈天移生東土因佃我菉豆田畝三兩然蟲次年伏時不許鋤動州既少種菉豆田入冬俱翻種麥春斗米錢千一百文民有食子者遺惠祠及隆福寺集飢民千餘日死無算稅糧急漕米許三之一改麥折價每石一兩五錢王家禎見聞雜錄云是年大旱冬米石四兩餓死載道河中浮尸滚滚古墓墟墓間不可勝計城門巷口拋棄小兒百十為羣或有人引去或覘其偃死死者盡棄之叢冢或聚而焚之或掘坑一埋之蒸不勝數幸不死者屑榆樹皮為餅糠皮粥一望村落樹皮削盡天下之奇荒無過是年者為是

年太倉衛指揮姜周輔家雞伏子兩頭四翼八足十六年癸未穿山崩十七年甲申張采家李樹上生一物如黃瓜確菴日記云甲申乙酉婁城李樹多生瓜張南明郭家亦有之未幾國變南郭爲亂民毆辱幾斃年東鄉王來復家地中出血後行薙髮令海濱大亂殺人無數王氏一門殆盡見確菴日記

國朝順治二年乙酉閏六月朔夜將半天上小星散落如雪三年丙戌六月四日新安鎮即今陸公市李明之家地出血明日俞二家地出血尤甚十一月二十七日太倉衛銀杏一株火從中出而木本不傷四年丁亥十月沙溪南陳王廟之東有獵者牽犬搏兔犬入叢薄中不出怪之探見一大獸如

驟文如虎忽躍出攫人驚呼四面圍之舉火焚林虎躍出從二人肩過人墮水虎竟渡河復入他叢中後不知所在見聞雜錄五年戊子四月三日雨雹小者如棋大者如卵滿天飛舞屋瓦皆碎庭中積起盈寸見聞雜錄六年己丑四月直塘淩氏塋有大鳥來數日不去有善銃者彈下重二十四斤七月十四日瑯邪族人王甲於墳樹間彈得一鳥人面高七尺餘食之無害十二月二十五日丑刻大雷電七年庚寅五月二十七日至六月三日寒氣侵人人皆御重綿是冬鶴王鎮鄉民見血從地湧出又東門外一村落有梅一株蛇懸死枝上者凡百頭

八年辛卯大水傷禾十年癸巳地震秋大水傷禾歲大饑十二年乙未七月大風拔木飛鳥殞傷十四年丁酉夏民間訛傳狐魅一夕數驚鳴金達旦擾攘月餘始息十五年戊戌三月二十七日日將入時有大星墜於東南其聲如雷人皆見之七月小北門譙樓內有黑蟻與黄蟻鬭黑者勝黄者敗（二事見確菴日記）八月二十三日未刻地震聲如雷十七年庚子秋西關外有樹懸一蜂窠大如囊可容二石十一月二日海中龍見無雨西北起黑雲一片龍二十有七附而行至東南乃滅十二月五日虹見八日雨木冰十八年辛丑正月朔龍見海中初四

日極寒龍又見立春日州大夫迎春於東關外土牛未入門而首已墮見見聞雜錄三月民吳氏雄雞生卵六月胡延光家烹鰻魚腮下肉痕隱見州修橋課餉五字是年大旱饑王昊官粥行婁民千家萬家哭大大小相攜哭官粥明知官粥喫堪羞只爲充飢勝枵腹城東更有青袍生衣彩藍縷街頭行冷炙殘盃無處乞喫粥亦與饑民爭連旬收粥徒眷麥怕殺驕陽正焦赤依稀記得辛巳秋斗米直錢千一百此時官粥煮會聞啼飢哭死日紛紛今年流殍視之倍烏鳶繞郭呼其羣可憐死者長已矣生者不如犬與家死者溝壑信難甦生者魂晚終歸狙去歲西成已先乏目下新苗總難插君不見郵舍追胥夜捉人有司新立催租法　七月初六日極寒有霜雪康熙二年癸卯四月十六日大雨雹四年乙巳七月朔大風海潮溢龍下麋場涇傷數人禾涇八九里破民居二十餘家

八月四日天晴無雲黃龍見東南五年丙午十二月八日地震有聲從東南來七年戊申六月十七日地大震自六月至七月地生白毛九年庚戌夏大雨連月高低田盡沒漂蕩廬舍無算陸世儀水沒頭歌水沒頭沒頭水災沴從來未有此今春春水滿四澤梅雨又來人盡喜雖然一雨四十日平地波濤三尺起高鄉低鄉成陸海堅厚如城亦傾圮天晴水未退尺寸怪風忽動雲如駛海水直立高於山奔入平田幾十里屋廬漂沒花稻空人畜浮沈半生死誰知天意更奇哉東北風過西北來太湖三萬六千頃捲空白雪聲如雷湖堤東東不得過抵排激鬬魚龍般沖村撲舍村舍空蕩郭擺城城郭破吳江一城如小盂中邊皆水民爲魚畫樓百間沈水底縱橫棺槨浮邱墟奔騰東出出不得三江故道皆淤塞迴旋散漫浸平疇阡陌鏖圍都不識可憐三吳賦重民力殫豫徵久悲骨髓乾惟望秋成十分好卒歲猶自多艱難豈料民窮天不恤罪孽既深難解釋積荒十載荒又荒此番定作溝中瘠被災

死者不必言惟有生存苦更寃先要支持七分限粉身碎骨誰來援沿塘水淺稍可救盡力增圍夜復晝無揣殃及往來船亂搶篷桅如殺鬬救苗費盡無限力水中作肚苗不實徒看兩岸葉青青粃點豊穰虛景色沿海高鄉更不情木棉水退葉仍生根幹已傷無子結聊作薪芻爇釜鐺　朝廷餉急不輕赦部文日夜魚鱗下報荒不報兩遲疑造册里區先案謝叩閽無路天宇深思量往事多酸辛勸荒費大不可說總有蠲減還欺侵欲歌歌不能哭哭不可萬轉千迴愁殺我干戈寧息四海平反使斯民重罹禍遥思昔日帝堯慈九載洪波庶子遺未識君臣用何道遺種猶存到此時　十年辛亥旱自六月不雨至於八月是年七月茜涇營家狗作人言十一年壬子夏蝗自北來既而入海災亦不甚十三年甲寅春夏連雨河生小蟹無數皆有尾與常蟹異逆流西行三月小西門民蘇禹仲家畜二豕皮爪盡脫一活一死十五年丙辰七月

初旬天雨白絲十七年戊午正月十二日立春五鼓時州守正鞭春南天震響天忽裂四月五日地震屋宇皆動六月中旬劉河鎮東民沈姓家牛產犢一身兩頭九月二日十九都民楊月妻一產三男十月二十六日天雨白毛取視如雪片絲縷分明十八年己未二月八日穿山崩三月二十三日地震有聲從西北至東南十月十五日辰刻東北天挂二龍大雪十九年庚申夏淫雨累月木棉禾豆皆爛十一月二日日初昏西方白氣亙天長數丈根有一星更盡始散二十一年壬戌夏雨木棉浥爛殆盡三十二年癸酉七月十三日颶風大作海

潮溢溺死者甚衆四十六年丁亥夏秋大旱井泉竭河底盡坼妖僧一念等謀叛伏誅四十七年戊子夏大水田中駕舟兼旬始退木棉多渰死歲饑唐孫華官米行去年霪潦歲不熟僕僕窮民在溝瀆詔書亟下有明恩蠲減田租兼發粟高檣大艑載米來胥徒里正歡相逐先時注册報饑民烏有虛名登記錄至竟無從辨阿誰盈車滿擔歸私屋官米猶嫌飯有沙市上公然恣販鬻石米七百青銅錢貧戶無錢但瞪目得錢飲博競歌呼窮鄉寡婦哀哀哭官家本意活煢嫠徒使汝曹饜酒肉汝奪窮民口內餐燃臍應照填脂腹六十年辛丑夏秋旱六十一年壬寅春雨木冰秋旱七月三日有大星自東南流至西北聲如雷光如電其所經過有白痕一條如練長竟天良久方滅雍正元年癸卯夏旱二年甲辰夏有蝗自西北向東南

去傷禾數十頃七月十三日颶風作海潮溢是年八月二十四日奉上諭前因七月日大風海潮泛溢沿海居民田廬漂沒小民望振孔迫若待奏請方行振郵時日就延小民不能即沾實惠朕心深爲閔惻着該督撫委大員踏勘即動倉庫錢糧速行振濟使災黎不致失所其應免錢糧田畝即詳細察明請蠲該地方官各宜實心奉行加意撫綏俾凋瘵得蘇生全速遂以副朕勤恤民隱至意自後二百年來凡遇水旱偏災但有奏請無不立予蠲緩深仁厚澤亘古所希焉四年丙午八月淫雨敗穀五年丁未十二月十三日酉刻有白氣一條如虹其長竟天食頃即滅六年戊申三月九日午刻有黑氣如匹布從東南至西北亘久方散七月三日有白氣如匹布是年疫七年己酉閏七月十四日夜有微雪十年壬子五月城隍廟後池水立數丈見顧陳垿無益之言六

月初七夜雷火燒縣署冊籍俱燼雷斧甕一奸胥見程穆衡

霹靂行詩注七月十六日颶風海潮大溢漂没廬舍人畜死

者不可勝計近海平地水深丈餘延内地四十餘里十

八日夜驚呼水至男女奔竄空中有聲如風雨驟至雞

犬俱號守令盡心撫䘏奉 旨蠲振民始甦閻棠于丑雜述云時

難民忽驚以地火將發日則寒食夜則暗處一夕或呼

於樹日鳴以爲火也衆皆驚走終夜擾攘奸民乘之以

肆竊十一年癸丑夏五月大疫死者無算州縣令地方每

日冊報死者之數一日至有百數十口因虔禱城隍神

驅疫自是漸滅至立秋乃已于丑臚述云是年春大饑民毀屋以給食鬻其子

女村落有榆樹爭食其皮道

殣相望至三月而疫大起 乾隆七年壬戌劉河鎮有

虎傷人八年癸亥十二月初七日戌刻天鳴自北而南聲如轉磨十二年丁卯七月沿海潮溢禾棉盡淹二十年乙亥大水蟲敗禾稼幾盡崑新志云蟲名蚜蚄飛則成團集則密布一聚於苗脂膏並盡歲大饑崑新志云時交秋分節巡撫已奏成熟學使李因培引詩螟螣蟊賊之文爲疏解其義與巡撫合奏得旨蠲緩有差冬疫二十一年丙子春疫四十六年辛丑六月十八日大風潮溢未刻有雲起東北見一星光芒四射是歲饑州縣請　帑發振五十年乙巳歲饑五十六年辛亥六月三十日七月二十日大風潮溢五十九年甲寅七月海潮溢嘉慶二年丁巳天雨白絲七年壬戌劉河鎮大火是年新鎮汪賈家畜一鴨初生一

卵明日生二卵又明日生三卵至二十三卵既而向西南飛去其家亦無吉凶九年甲子大水饑十一年丙寅夏御麥一名番麥結人物鳥獸形麥粒如灰十八年癸酉地生白毛十九年甲戌大旱斗米至千錢餓殍載道二十年乙亥地生黑白毛二十四年己卯鶴王市徐士芳家屋後獲一龜大可五寸兩首一首出尾下亦能伸縮飲食二十五年庚辰秋大疫患者手足踡攣俗名蛣蛛瘟道光元年辛巳六月大疫至九月始巳時雞翅兩旁生爪三年癸未夏大雨自五月至七月平地水深數尺漂沒室廬無算歲大饑守令設法捐振並奉 旨給振蠲

緩銀米七年丁亥八月疫歲饑十五年乙未夏旱七月二十二日亥刻有白光從天西南流至東北如電良久乃滅十六年丙申六月大水十八年戊戌大雨雹十二月除夕熱甚大雷電既而雨雪二十一年辛丑冬十一月大雪平地積數尺經月不消二十二年壬寅二月七日夜有大星起西北光白色形如匹練漸移西南至初秋乃滅二十五年乙巳正月二十五日初昏有大星自西南墜東北聲如雷二十六年丙午六月十二日亥刻地大震二十九年己酉夏大雨自四月至五月不止平地水深如三年歲大饑知州徐家槐設法蠲振咸豐元

年辛亥冬十二月除夕西郊水濱有蟲無數似蜈蚣有光自西來日出始滅三年癸丑春三月七日夜地大震越日復震七月有星孛於西北冬十一月地復震六年丙辰春天雨豆地生紅白毛夏大旱秋蝗傷禾大疫冬城中設廠收捕蝗子十一月夜河水鬬陡高數丈撲擊有聲七年丁巳夏有星孛於西北光芒長數丈至九月長竟天十月始沒八年戊午七月大雨雹九年己未春天雨豆形如皂莢核秋八月地生白毛十年庚申春學宮暨鎮海衛前及西城河南岸樹生煙直上如蠛蠓三月十三日大雪四月十日夜有星見西北白光上出二

十六日有星隕於東南五月十五日有星出北斗下光射及漢七月五日夜星隕八月天鼓鳴十一月十一日大雨雷震是年四月二十八日八月十四日粵匪兩陷州城故災異迭見十一年辛酉五月二十六日夜斗杓東有白氣亙天有星如卵起紫薇垣斗魁下與杓相值六月杪始滅七月五日夜流星自北而南絡繹不絕冬十二月二十七日大雪三日深三尺溷圊生蛆同治元年壬戌春正月寒甚雨木冰二月三日九曲鎮南溪水生青黑蟲數千長尺許首尾俱銳其足數百如芥子進退能行七月有星孛於北斗蝗八月十四日雨雹九月二十一日夜大雷雨三年甲子

六月十日颶風大作竟日不止壞城東南鐘樓及王文肅公祠前坊二十六日戌刻天忽明如晝俗云天開眼四年乙丑春二月五日夜雨雹夏淫雨冬十月十九日夜地震五年丙寅秋七月十八日夜有大星自東南移西北光如匹練微有聲及没有紅光曳尾燭地如火是夏雞翼生爪長二三分自一至五不等九年庚午春正月二十七日夜更餘有神火自西南蔽空來恍聞人馬聲城鄉俱鳴金放鎗礮四更方靜尋知自滸關至省城南及松江北逝常熟皆同光緒元年乙亥秋七月三十日大風晝夜雨如注竟日始息木棉歉收三年丁丑五

月二十三日午刻大風雨拔木發屋半日始止六月蝗自西來七月陰雨遍地生青蟲間有五色者食木棉豆葉幾盡蟲自迷霧中來其細已甚有絲曳枝上累日大如蠶食葉之迹如之後遇微寒死十一月大雪深尺餘經月不消五年己卯葉裕仁家井泉溢涌出丈餘以穢物覆之井遂廢明年裕仁卒九年癸未七月風潮迭作秋收大減木棉尤甚邑人隨同州守萬葉封赴省呈訴得蠲緩銀米四分五釐是年風災後鎮洋令梁奮庸已據實通稟湘陰相左公宗棠時督兩江據以實告疏中幷有如州縣拘牽成例不即稟報當即指參等語始知此次淮災迅速幸先有此文襄固賢者卽梁令亦胡可多覯哉十五年己丑秋大水淫雨四十餘日淹沒禾稻殆盡蠲緩銀米十分之三九月十五

日奉　上諭蘇鎮常松太各屬發藩庫銀五萬兩振災
皇太后提宫中節省銀五萬兩一併給發賑卹之
恩亙古未有
十九年癸巳茜涇城外某甲家竹林甚盛內有
二竹忽成龍形首尾鱗甲如刻畫逾數年其家死喪殆
盡竹亦斬伐無存二十一年乙未三月新塘鎮郁朝宗
妻王氏孕七年餘生一女形如老嫗不育未幾王氏亦
殁二十三年丁酉四月二十日王世熙家天雨紅雨盛
之色如玫瑰歷久不變易曰視履考祥又曰吉凶者失
得之象也古者天子見怪則修德諸侯見怪則修政卿
大夫見怪則修職士庶人見怪則修身春秋哀公時西
狩獲麟宣尼書之以爲異蓋不必禍福之驗與不驗也

而皆以人事之修悖爲準人事理而天命降亂者未之有也人事亂而天命降康者亦未之有也天道鬼神福謙善乎宋儒有言曰盡人事便是命

劉河鎮記略

（清）金端表纂

稿本

劉河鎮記畧第十卷

劉湄金端表翼如氏輯

災異

災異之事歷朝所時有而我劉鎮僻處海濱尤為易致比年來官清民樂海晏河清鼓腹含飴幾忘帝力矣然居安思危為人情所難故敢歷記見聞以時警惕

順治二年閏六月初一夜半星落如雨

三年新鎮李明家六月初四日地中出血初五日俞明家尤甚

八年大水災禾稻盡淹死

十年又大水花稻全傷民死無算

十五年八月二十三日未刻地震聲如雷

十七年十一月初二日海中龍見無雨西北忽起黑雲一片龍見二十七條附雲而行至海中而滅

十二月初五日虹見

初八日大雪結冰鐸連日不化俗謂樹帶孝

十八年正月初一日龍又見海中初四日又見

康熙元年鹽梟生事近海二十一都無業頑民以販賣私鹽為活是年有巡盐廳某至其地獲私數人捆

縛而來忽有羣黨數百人刼之以去傷共盐廳督撫
聞之發兵剿其地盐販恃强不法互相殺傷劉鎮數
里盡作池魚事載菴嗒瓚言
四年潮災七月初一日忽起大風海潮泛溢壞却房
屋無數沿海禾稻俱傷
五年十二月初八日地震其聲似從東南來者
七年六月至七月地生白毛
九年大水災陰雨連月高低田盡没花稻俱無民間
屋宇漂没無算巡撫親勘議開河洩水
十五年七月初旬天雨白絲數日

十五

十九年夏淫雨累月木棉禾稻荳苗皆爛

二十一年夏雨災木棉盡爛

三十二年七月十三日颶風海水泛（溢）沿海溺死者甚衆

四十六年夏秋大旱海潮不上井泉亦竭河底俱裂

是年城中妖僧一念謀叛幸劉口海防同知商公諱奕銓覺之先事擒獲叛黨四十八人伏誅和尚脫逃至明年始獲亦伏誅

四十七年夏大水田可行舟兼旬始退木棉渰死

六十年夏秋大旱

六十一年春雨秋旱七月初三夜有大星自東南流至西北其聲如雷其光似電過處有白痕一條如練然長竟天久乃滅

雍正二年七月十三日颶風大作海水泛溢

五年十二月十三日酉刻有白氣一條其長竟天食頃始滅

六年三月初九日有黑氣一條勢如疋練自東南至西北良久方散是年大疫

十年七月十六日未刻颶風發潮大溢人畜死無算近海水高二丈餘漫過太倉直抵崑山巡撫親臨勘視

着州縣官先行撫恤專摺
上聞隨奉
恩旨蠲賑民始得安
十一年夏五月大疫死亡無算州縣令各處地方每日
報死者數一日甚有一百數十之多劉鎮棺木為之
空焉立秋後始安
乾隆五年荒災適總督那公諱蘇圖沿海閱兵萬民
呈請救饑是年幸贛榆豈粮豐收蒙奏請與贛邑之
豈由青口出口對渡劉河以濟民奉
旨俞允始得安然

七年虎災是夜大東風小汛潮水大減清晨沿海有
農夫焉於蘆葦中見一大犬熟睡沙灘心疑其非犬
即而視之忽被昂頭一齕皮肉皆去立時痛死同伴
始知其為虎也而驅之然東路茫茫大海虎何從來
蓋隔日狼山操演虎也驚避海灘晚起大風虎乃性
發乘風揚尾一夜至此易曰風從虎靈壁子曰虎嘯
風生其洵然也今人聲鼎沸鳴金驅逐倏忽之間不
知所往既而咸以為在茜涇南門外墳內於是遊府
發兵擒虎虎負隅而兵咸懼未幾而又杳然矣忽報
在河南馬家灘因此地素無虎見聞者心心心怯數

十之

日之內人雖未傷而鎮中之雞犬已蕩然一空矣忽
一日清晨西市梢有早起如厠者見虎坐於毛坑之
內大驚而回急報入營各持鎗炮將毛坑圍住遠遠以
鳥鎗亂打虎不動人漸近之以長鎗刺虎亦不動有
大膽者即而視之則虎已死久矣於是將死虎送縣
剝其皮而存諸庫
八年十二月初七日戌刻天鳴自北而南其聲如磨
轉然
十二年七月十四日大潮災海水漫過灶舍殿有米
難炊死者無數禾稻淹死縣尊冷時松亦勘因初任

官員未悉民間之事見鎮中魚肉買賣如常便順口說賣魚買肉不像有荒於是農人大呼一聲將死稻死花望轎中亂投縣尊大驚避入城隍廟中眾荒民園住廟門不散廟僧禀曰頭門外荒民擁塞太爺只好出後門下船乃步行登舟一直進蘇禀訴撫憲撫憲大怒立傳中軍發令箭一枝提兵至劉欲拿頑民正法而是日之荒民四散回家忽報官兵來捉着州縣分州巡司傳地保查明交出兩岸地保呆如木偶蓋鬧事之後東西各散並不知其何都何啚姓甚名誰官與地保各無主見於是議將鎮之極凶惡者三人曰

十六

高六顧才以為首事餘俱未便通拿為辭稟覆中軍
而中軍亦有親信隨丁在外察訪知非有心毆辱官
長今已有首事之人即批杖斃示衆時高六顧才並
不知有此事忽見地保踏門鎖拿疑有舊案發覺及
拿到城隍廟見本縣及司廳俱在並不審問齊聲喝
打自午至酉二人氣絶皂班稟稱已死至二鼓後二
人復醒昂首號曰吾不知所得何罪如此毒打看屍
者明告其故二人曰若此何不早説快將火酒來俟
吾二人大醉之後可將草紙浸溼封糊鼻口自然死
矣衆如其言果死明早稟於中軍於是中軍出示曉

諭不法頑民已經正法餘俱從寬不究人心始安而鎮
之父老復呈稟中鎮府被災情形撫憲批准耑摺奏
請賑濟奉
旨發賑蠲免萬民其蘇
二十年又大荒災蓋春雨連綿小熟失望交夏亢旱
秋不能插米價日增死亾載道劉鎮設厰煑粥勸富
户平糶督撫繪圖
上聞奉
旨蠲賑明年又大疫人死無算
十九 二十七年又荒災幸前任縣尊金公諱泊建積穀倉

於新閘口充實其中故得民無菜色
四十六年六月十八日大潮災是日未刻東北天忽
起雲團將至半天雲邊忽現一星光芒四射雲至西
南微雨驟風至晚雨漸大忽有聲自東北來勢如萬
馬奔騰狂風大雨頃刻而至戌刻未停時交亥子漲
潮人聲鼎沸蓋潮頭山立乘風而來海船斷纜打進
口內竟將兩浮橋打去擠住在新閘風愈緊船愈多
閘橋不能勝任亦趁勢斷去是時岸上河中號哭之
聲耳不忍聞寅刻忽轉大西北風遠遠聞山崩海嘯
之聲乃回風推倒房屋也天明潮退浮屍棺木徧滿

河中落水勢急盡沖入海清晨一望有船在田中者矣有在岸上者矣有壓在屋上者矣有頭在岸而尾在河者矣三橋皆斷南北不通必須往來者則從新閘船山之上亡命而過午潮仍大幸風雨已止各將岸上之船漸次認明撑入河心而田中之船有離岸二三里者甚至開河放出沿海花稻湮没殆盡州縣勘視申詳督撫請 帑賑饑民始安堵

五十年大荒災花稻盡壞米價至五千二百文不過三日而饑民載道矣劉鎮賴青口荳粮接濟得以稍安

二十

五十九年七月初七日大潮災水較四十六年低一
尺幸兩橋斷於日間遭難而死者尚少
嘉慶二年天雨白絲兩日
七年大火災十一月三十日夜戌時於浮橋街火起
往南燒至浮橋大柵尚離一二家幸保浮橋未着往
東燒至鎮海關亦離三四家西至中津橋大柵北至
水街柵羅仁和當房而止此正十字街鎮之中市店
鋪稠密其間樓房銀錢貨物古董玩器典籍圖書不
知凡幾盡為灰燼燒至初一日天明方熄初五日夜
河南又火起亦在浮橋口中市燒去數十家從此闔

鎮驚惶弗敢寧居是年秋冬久旱且有謡言云火殃落在劉鎮以致家家不敢舉火至來年春雨連綿民心方定

九年水災大荒蘇郡崑新時鬧搶叔劉鎮幸到青口荳粮得以無事

十一年餘麥生灰俗名番麥關東呼為包米江南得此種沿海多有植之者結實於麥秋之後故名餘麥是年結實盡成飛禽走獸人物之形無不酷肖內中麥粒俱變為黑灰到處皆然人為荒年之兆

十八年地生毛黑白皆有黑如猪毛白似牛毛拔起

三十一

細視根有細毛如稻秧初生者然劉河前路最多北
路亦有聞太倉崑山皆然
十九年旱災是年初夏大旱直至深秋無花稻雜物
皆壞饑民載道内地河道淤塞粮難運至青口荳粮
舊時奉
旨對渡劉口以濟太鎮民食後奉道憲告示船收上海
老人龔敬三等具呈撫憲求請不准甚至斗米千錢
各處搶奪民不堪命太倉有御史文軒汪公名彥博
者約同富紳陸賓王等具呈縣尊請浚東鄉諸河以
工代賑因被工房串通圩地河不果開駐蒙縣尊董

公勸紳富捐米賑饑三日而三日之後民仍無食死
亡接踵明年春又旱至五月初四日始雨初八日交
黄梅又雨民心乃定
十九年二月二十九日火災時因天旱於戌刻南街
火起浮橋之上往來救火之人擠塞不開橋面竟斷
正值潮平人死無算
大凡災害之生水旱居多被之者亦不止一鄉一
邑惟七八九月風之患是我劉鎮獨受之苦是以
前之大憲於劉河一口更為關切而州縣之蒞斯
土者無不思患預防今則舊例俱廢一有災異亦

二十二

無從告訴矣

（明）管一德纂

【萬曆】皇明常熟文獻志

明萬曆三十三年（1591）刻本

附刻災異志

永樂三年五月大水

宣德九年八月黑眚見

景泰五年正月大雪行人陷溝壑中多凍死六年春夏大疫地震十月有虎入城突入民家溫氏獲之

天順四年五月大水斗米百錢 七年十一月夜大雷雨

成化元年大水 十五年九月二十日地震 十七年春夏大旱蝗食禾秋大水虎食人 十八年春

夏大水　二十一年秋大旱

弘治元年五月大風雨殺稼飛鳥殞傷十二月虞山鳴　四年正月至六月霪雨民不得稼二月十九日縣治災　五年五月大水田禾渰沒民多流徙復大疫　六年五月大水有蟲大如蚊棲于牆壁樹木羣飛蔽空旬日得雨始滅　七年大水灌城郭舟行入市　十一年六月十一日水溢凡池沼皆然　十四年邑民婦產子兩頭合體

正德二年民間傳有狐魅所至折竹相擊禦之

四年夏大旱　五年大疫歲凶　六年大水大疫七年霸州文安劇寇劉七等亂于江上　八年冬大雪　九年天鼓鳴　十年大水　十三年夏大水冒城郭民無食多死　十五年大水民艱食五月十六日龍見西北壞俞市居民楊朴等家大雨連五晝夜

嘉靖元年七月二十五日大風雨拔木江海嘯湧漂没室廬人畜無算　二年大旱民不得稼　三年春夏大水民艱食　四年夏秋旱　八年大

蝗春夏雨秋旱　十三年夏旱　十四年夏旱秋大水　十五年有蝗　十六年大水　十七年夏大雨害稼　二十三年大旱每米一石價銀乙兩七錢　三十二年倭夷入寇　三十三年三月日出時有黑員如日者以百數與月竝麗日上有物覆之如月魄而差小于日摩盪閃爍日爲茫昧光四漏如線四月倭夷復至　三十四年復大至知縣王鈇死之焚毀室廬劫掠貨物殺害人民淫污婦女無筭流離載道所在丘墟

三十八年大旱白茆枯竭汲井無泉
四十年大水無禾稼流離載道餓莩相枕籍
嘉隆萬三朝凡三大凶年則嘉靖甲辰是年辛
酉及萬曆戊子是也一大變則癸丑甲寅乙卯
倭亂是也合計六年中饑死殺死不知幾萬萬
而辛酉後遂邑里蕭條戶口減損
隆慶二年元旦大風飛沙走石白晝晦冥　春正月
訛傳朝廷命內臣選宮女于各省民間嫁娶爲之
一空各務苟合無復人道有司知而不禁

三年五月大水霪雨兩月城以外水光接天
萬曆三年八月朔日食既白晝晦冥羣星俱現
五年彗星見于西南有光如帚其長竟天
七年大水由邑城至長洲崑山界一望無際民艱
食八年大水復如之
十年七月十四日大風雨拔木江海及湖水俱嘯
湧漂沒室廬人畜以萬計
考之實錄嘉靖壬午曾有此變及是正週一甲子
而戊辰巳巳兩日干支亦同

十五年大水　十六年大水復大疫

是時米價湧貴每一石值銀乙兩六錢大麥半之餓莩塡塞街衢而城濠浮屍無筭舟行則篙櫓爲屍所礙若吳門則屍積如山

十八年八月地震

十九年七月初十日海濱訛傳倭夷入境民間倉卒驚怖逃竄富家大族少婦弓鞋俱褰裳涉水多溺死者父母妻子多離散越次日乃息沿海各縣皆然　此以後關白果擾亂朝鮮吳中戒嚴而

常熟則有增城之役

二十二年六月民間妄傳有狐魅至驚擾通宵

二十三年九月十二日河水驟溢池沼皆然茂林修竹同時俱仆仆而復起

二十四年七月颶風傷花豆高鄉鞠爲茂草

【康熙】常熟縣志

（清）高士鸃、楊振藻修　（清）錢陸燦等纂

清康熙二十六年（1687）刻本

祥異

晉

太寧三年三月白烏見吳郡海虞獲以獻群官畢賀

太康七年十二月巳亥毘陵雷電南沙司鹽都尉戴亮以聞

梁

大通中邑大水

天監元年頂山蔣姥異感孕生白龍

唐

貞觀十五年五月黑白二龍鬬於虞山之東北黑龍負

觸石破山走血灑澗中石爲赤

宋

元豐元年七月四日夜大風水高二丈

元

至正初長江一夕忽竭舟楫閣於途江中多物人爭取

之潮忽至有渰死者如是累日乃平復

明

洪武丙辰秋月大水

宣德九年八月黑眚見

六年大疫地震冬十月虎入城

正統元年丙辰海風潮傷禾命官田准民田起科減額有差

景泰五年正月大雪連旬積丈餘夏大水田廬漂沒秋亢旱苗槁大疫民饑

六年冬十月虎入城突入民家獲之

天順五年七月風雨大作潮湧丈餘漂沒千餘人壯者攀樹避溺群蛇潮湧觸樹亦緣木上升

成化八年麥秀兩岐羅欽頌芃芃者麥在彼海濱瘠鹵不毛鹹氣蒸蒸芃芃者麥在彼湖沚下濘匯宜昭德之修昭德之修陰陽順成和氣高節甘雨時零一本兩岐同莖異穎如木連理連如蓮蒂並木則美矣何用之施蓮則特矣何療於饑惟麥之穎先百穀成可資可食蓮木斯輕其植伊何上天降康其兆伊何豐年穰穰不知帝力曷報侯德其始自今思慕無斁林儒我聞張堪為令時川中有麥秀兩岐漁陽民樂不可支清風千載歌謠一詞又聞岐州魏刺史異政昭昭播遐邇來年五穗同一莖頌聲洋洋猶在耳鄧侯本是瀛洲仙前年作宰來琴川北及三年德化宣上安下順無尤怨曾將三白占臘前今茲美麥非偶然儲祥孕秀來自天凝凝陽風共相倚鬖鬖垂兩齊無偏一莖兮兩穗西陌兮東阡黃雲漠漠兮遙和連上天有意活民命四郊百姓歌豐年靈芝五色不足數嘉禾同穎疑虛傳鄧侯鄧侯仁且賢名

與張魏爭後先今將逮職朝天去天官考最
須超遷瑞麥之歌止於此愧無巨筆如長椽

十五年九月二十日地震有聲

壬寅民妻一產三男巡撫王恕以聞

十七年春夏大旱蝗食禾秋大水虎食人

弘治元年五月大風雨禾盡壞飛鳥殞十二月虞山鳴

四年正月至六月霪雨民不得稼二月縣治災

五年大水禾壞民多流徙大疫

六年大水有蟲大如蚊群飛蔽空得雨始滅

七年大水舟入市

十年麥秀兩岐（陳播記）泰和之世風不條鳴雨不塊破荐露瑞雪以時而至靈芝嘉穀遍地而

生嘗聞其語矣喜于今驗之一日肄業靜成齋南莊
老人袖一卷徐言曰鄉民有王姓進名者佃予田丁
巳之四月忽持兩岐之麥二本數莖者示異于予予
自揆謝事之餘何所可致其邑侯牧愛之應乎予宜
有記因歷思往古賢諸傳記而知夫麥貽我來牟有
部未嘗以爲瑞也桑下青青南陽亦未嘗以爲瑞也
迨漢張堪太守漁陽民有樂不可支之歌始著其爲
瑞夫和氣召祥盛德致應老人推建昌二黃州嘗蒙
旌異其身褒贈其親者乃不自居而以歸之邑侯邑
侯自其今崑山吾固熟其有古循吏風幸由高平轉
吾邑善政善教不容殫述行傳司風紀大柄用其致
此應宜矣但恐亦不自居而以歸之天子天子明聖
敬天勤民亦未必自居而以歸之 穹昊雖然不居
者謙光也上之德終可忘而事之異終可泯耶遂筆
以記而系之歌老人爲誰別駕吾邑陳公一元也邑
侯爲誰名進士慈谿楊公名爻也記之者誰鄉進士
海虞陳播也歌曰涼風搖波齊麥秋飄然雅贊非群
流酣酡尚孜莚初醉聯翩似學淡濟遊芳塵素與鼠
姑避移根不待金盤貴丘中蝌蝌贊同芳桑下煌燁
昔並蒂仙娥攜手下蓬山皇英齊駕鳴珮環柴桑金

綿騈肩菊湘沅玉挺同心萬何如一莖九穗古來異
兩岐此日眞爲瑞香沃崆峒雨露鄉色迷錦里烟霞
地化機闔闢爲鍾奇君侯德化從可知共是陰和與
沐澤家家率育無愁饑况且西成尤可喜歲歲豐穰
自今始聖明天子官循良漁陽豈得專斯美重歌勝
事列篇章少荅天公呈玉祥聖明天子官循良勸諸
金石矢
弗忘

十一年大水冒城郭舟入市　六月十一日水溢池沼
亦然

十四年四月十八日民婦周方妻產子兩頭合體

正德九年天鼓鳴

嘉靖元年七月大風雨拔木海溢田禾盡沒

二年大旱民不得稼

三年春夏雨大水民饑
四年夏秋旱
八年蝗春夏雨秋旱
十五年蝗
十七年春二月地震有聲夏大雨害稼
二十三年旱米穀涌貴
二十五年邑城雨赤荳
二十六年塗松民家殺雄鷄剖腹有小兒五形具
四十年大水渰沒歲饑
隆慶元年維摩灣産玉大蝓升龔藏有光出石中中其下

有秋

九年秋大風拔木海水氾溢三四丈室廬人民漂没無

算

十年二月十九日大雨雹雷電

十四年朱鵲見

萬曆初倘墅犬生角

五年夏陰雨寒凛如冬田巨浸

十五年春雨木冰四月縣治旋風起飄一席羣鶴隨之

入雲大水無麥及秋多颶風無禾稼

十六年大風雨禾壞歲饑

二十五年六月大雨寒凛禾沒

二十六年八月祥光發于聖殿

三十六年春夏霪雨水汎丈餘平地盪舟礁井烟消

天啓二年雨沙蔽日日色黷白

四年霪雨壞禾歲饑秋七月地震

五年三月雨雹四月風霾六月夜聞空中兵刃聲

六年大風雨晝夜傷禾

七年江水涸民入江取器物時太湖暴漲

崇禎五年災米騰貴

八年春大水民訛言有狐妖沿海因傳倭警民奔竄

十三年五月十五日有龍見城西北自大義橋入于海所經民居牛馬柱礎悉飛蕩空中如燕雀拔木無遺行人遇之攝去數里而墮舟楫飄舉天地晦黑雹中見一白龍蟠亘無際二黑龍導之俞市居民三百餘家席捲自後雨五晝夜水冒城郭民多餓死有僧結廬在水之南僧出而返徙在水北壁落如故封鐍宛然

十四年二月朔降黑霧陰晦四塞三月戊寅風沙蔽天夏大旱蝗米粟涌貴餓莩載道秋八月瀕潮日三至大風害稼

十五年春蝗蝻遇雨化爲鰍鱔

十六年冬十月朔癸卯黄霧四塞

國朝

順治六年三月太白晝見

八年正月地震　夏大水民饑米石四兩二錢

康熙三年十月彗星見五十餘日而滅

四年二月彗星復見

五年十二月地震

七年六月十七日地震有聲　地生白毛　七月太白晝見

九年大水禾稼盡沒顆粒無收

十五年秋大水

十八年旱飛蝗蔽天赤地無苗

十九年大水平地高數尺行船入市田廬漂沒　八月初一日長星竟天如白練起斗分歷三十餘月犯室宿至壁度而滅

【光緒】常昭合志稿

（清）鄭鍾祥、張瀛修　（清）龐鴻文等纂

清光緒三十年（1904）活字本

常昭合志稿卷第四十七

祥異志

敘曰自漢志五行於是後之史家多述祥異固將以是考徵應垂儆戒哉至見諸一邑者其所繫微矣而志乘之皆亦或作焉或述焉何居余謂鄉曲之人往往少見多怪於所不經見者恆强爲之說訛以傳訛致惑民聽而不知天象地氣乾旱水溢以及草木禽畜之異即全縣之世亦恆有之而不必以一孔之見妄相揣測也則誠宜志以示之也爰錄舊志稍益以諸家之記載爲祥異志

太康七年十二月己亥毘陵雷電南沙司鹽都尉戴亮以聞 南史

泰甯三年三月白烏見吳郡海虞獲以獻羣官畢賀 宋書符瑞志

梁

大通中邑大水

天監元年虞山蔣姥得蛻感孕生白龍

唐

貞觀十五年五月黑白二龍鬬於虞山之東北黑龍負觸石破山走血瀝淵中石爲赤 俱錄書

宋

天聖元年大水 陳三恪海虞別乘

元豐元年七月四日夜大風雨水高二丈錄志　四年七月大水

政和元年仲秋中澥大水霧雨不止俱海虞別乘

紹興二十八年大水救荒補遺

淳熙七年八月十五日平江常熟大火屋宇焚燬大半灼爛死者十餘人舊志　是年大旱明年蝗[illegible]志

元

至元二十四年水潦爲災

大德五年七月朔颶風海溢潮高數十丈俱海虞別乘

至正初長江一夕忽竭舟楫閣於塗江中多物人爭取之潮忽至有漂死者如堤累日乃平復[illegible]志　六年日色如血　七年

春正既望月夜出無光　九年十一月天裂天漢之旁　十年十一月雨黑子如稗實　十二年十三年海潮不波是秋大旱溪澗皆竭　十四年春大風拔木又大雨凡八十餘日是夏赤星見　十七年十二月天裂西北　十八年十月有兩日相擊黑光摩盪十二月朔雨雪中東方有赤虹貫於中天　十九年秋九月晦黎明西南方天裂紅光燭地移時始復冬十月白虹貫日　二十年二月六日浙西諸郡雷電雪大如桑葚頃刻積深尺餘俱海虞別乘　陳三恪曰雪中雷電自至正十年以後屢屢見之

明

洪武初虗癘災海虞別乘　九年秋大水錢志

永樂二十三年七月海潮泛溢海虞別乘
宣德九年八月黑眚見錢志
正統元年海溢傷禾府志
景泰二年地震劉本蒲虞書　五年正月大雪匝旬積丈餘夏大水
秋亢旱南橋大疫民饑　六年十月虎入城民溫氏獲之錢志
天順四年五月大水斗米百錢　五年七月五日夜風雨大作
平地潮湧丈許漂沒死者千餘人　七年十一月二十七日
夜大雷雨俱海虞別乘
成化元年夏大水海虞別乘　八年麥秀兩岐　十二年十二月冰
堅逾月舟楫不通　十五年九月二十日地震有聲俱錢志

十七年春夏大旱蝗食禾秋大水虎食人（錢志）　十八年春夏大水（海虞別乘）是年民一產三男巡撫王恕以聞（錢志）　十九年元旦大雪　二十一年秋大旱（俱海虞別乘）

弘治元年夏五月十八日大風雨禾盡偃飛鳥殞冬十二月虞山鳴　四年正月至六月霪雨民不得稼二月縣治災　五年五月大水禾壞民多流徙大疫　六年夏大水有蟲如蚊蟻飛蔽空得雨始滅　七年大水舟入市（俱舊志）　九年歲大稔（海虞別乘）　十年麥秀兩岐　十一年大水圍城郭舟入市六月十一日水溢池沼湧起三四尺　十四年四月十八日里民周方妻產子兩頭合體（俱錢志）

正德四年七月六日驟雨五晝夜彌望如湖歲大祲　五年大水臘月五六日雷鳴西南方不止二十八日立春五更時雷復鳴陳三恪曰嚴文靖水務母圖序謹引正德庚午嘉靖辛酉則此二年之大水可知　六年大水元日壬子東南風暖至暮雷電大雨甲寅雷雨尤大乙卯丙辰復冰雪沍寒七月二十六七日大風海溢大祲　七年湖寇劉七等亂江上有豪豬來入致道觀按桑悅有豪豬來詩　八年冬大雪俱薛處別乘　九年天鼓鳴　十年大水　十五年五月十六日龍壞俞市民居俱舊志柳南隨筆作十三年云雲去楊朴湖金等三百餘家屋千餘間

嘉靖元年七月二十五日大風雨海潮溢禾盡淹錢志　十二月十六日有江豚一由白茆塘而至尚湖之會同涇回入福山港

入江民以爲冥 海虞別乘 二年大旱民不得稼 三年春夏雨
大水民飢 四年夏秋旱 八年春夏雨秋旱蝗 十五年
蝗 十七年二月地震有聲夏大雨害稼 俱錢志 十八年七
月海溢高二丈餘 海虞別乘 二十三年旱米穀涌貴 錢志 飛蝗蔽
天田中多張五色旗鳴金伐鼓以逐捕撲則斂翅立時嚼盡
海虞別乘 二十五年邑城雨赤豆 二十六年塗松民家雞剖
腹有小兒五形具 俱錢志 三十三年三月日出沒時有黑影
如日者無數游移日旁日上有黑氣摩盪如漆盎者覆之光
四蕩如錢 海虞別乘 四十年大水歲饑 錢志
萬歷初尙墅犬生角 錢志 四年九月下旬濃陰霾蔽天昏若

凝歷咫尺不辨柳葉滴潤如大雨　五年麥大熟（俱蘇虎別乘）夏陰雨寒凜如冬田蔬淹（錢志）冬虎至虞山門歷鎮山門留月餘乃去十月朔彗星見西南歷箕尾而進光芒長亘天狀如白練　六年九月彗星見西南有光如帶長二丈色白（陳三恪曰是年冬雨木冰枝柯如水晶風吹之鏗鏘越如環珮石橋滑不可登樹稍溜成冰條垂至地既而剝雪浹旬渰沒牛羊飢寒者多僵死自仲冬至明年正月時乃晴耆碩之老所未覩）　七年正月朔雨雪積三四尺壓倒房屋無算五月望大雨至七月晦乃晴田廬盡成巨浸瀰望如海撥殘蜂起城門辰啟申閉人不自保十二月十一日暮時大雷電風雨　八年夏大雨水溢城內街衢及田廬悉成巨浸兼以疫癘盛行死者相續至有一家斃二十餘人者

俱海虞別乘　九年秋大風拔木海水泛濫三四丈室廬人畜漂没無算錢志　十年二月十九日雪霰甚積五寸而雷電雨雹七月十三日驟颶風大作海水溢丈許滸浦福山梅李白茆沿海廬舍男婦死者十之二三　十二年縣署災及庫藏俱海虞別乘　十四年有朱鵲見錢志是年村婦生一物徧體毛目在頂兩角二脊一尾旋跳壓殺鈕婺之死海虞別乘　十五年春元旦雷電大雨是後雨雪雜作至元夕猶甚雨木冰海虞別乘　四月十九日縣治旋風起飄一席幕鶴隨之入雲大水無麥秋多颶風無禾菽錢志　十六年春霖雨夏旱大疫斗米錢三百二十原注比錢一錢六分饑民官爲粥飼之得粥死者比比擧瘞於路城濠

浮屍蔽橋爲礙海虞別乘　舊志云錢御史岱首發粟三千斛人各四升錢順化亦發粟捐資亦及萬陸三修曰歲歲亦屢矣然未有如是年之甚者蘇琦三十三年三十八年並大旱四十年大水萬歷七年八年相繼大水其米價猶一兩以內獨萬歷十七年旱荒之後又值旱蝗故米價至一兩七錢自夏至秋未嘗少減寺觀中饑民聚居染疫死者幾爲人　十八年八月地震海虞別乘　十九年大水七月十日海溢訛傳倭至富家大族少婦幼女褰裳涉水多溺死者市鎮一空城門晝閉次日迺息後聞白擾劇鮮吳中戒嚴而常熟有增城之役海虞別乘　二十五年六月大雨寒凛禾㴉　二十六年八月祥光發於文廟俱錢志　二十七年秋陰霧中豎長喙異蟲紛如蜂蟻樹錯色黔山中松樹俱受其害撼樹嘶聲颼颼有聲樹漸凋謝俗呼爲松蠶　二十八年雷震虞山大

石陳三恪曰石在三皇閣前雷甚漏居民遙見火繞石旁理欲蓬物前逼視劇石角數塊得地皆小珠珠圓而瑩手按之即碎如粉作硫磺氣 三十六年四月下旬大雨至七月下旬始晴城中積潦盈尺城外一望無際鄉抵邑邑抵各鄉皆不由故道望浮樹爲志從人家樹際揚帆高低田畝盡成巨浸 三十七年仲秋丁祭殿西鴟吻上騰興光丈許其色青紅 三十八年夏大雨下田不登俱海虞別乘 四十年八月烈風霪雨洊旬福山江口龍鬬颶風作水溢壞民居無數[illegible]

天啓元年十月地震虞書 是年里民張氏一產三男徐氏何著栻之族一產三女並無恙村老委談 三年十二月二十二日酉初地震有聲䨓䨓自西北來牆屋俱搖行者皆仆東刹浮圖

亦搖側其頂城內外地面多裂〔海虞別乘〕　四年霪雨壞禾歲饑秋七月地震　五年三月雨雹四月風霾六月夜間空中有兵戈聲〔俱錢志〕　六年六月晦夜黑氣布斗牛間〔海虞別乘〕　七月朔大風雨拔木仆屋江浦多漂沒巨艦擊破浮尸相屬〔錢志案劉本海虞書則云是年大卷〕　七年江水涸〔錢志〕農歛蛾蝶為災細如蟣黑色聚於稗穗之上不嚙而黃隕其來自七八月者全傷或已實而傷者米色如紙灰弱不任舂柴亦枯瘁爍之無力人以為齊荒〔按此即竹溪見聞志所謂稻蝨詳後〕

崇禎二年十月廿六日日正西有黑氣自西徂東橫亘天心是年地震　三年歲大熟〔俱海虞別乘〕　五年災米騰貴〔錢志〕　六年

六月二十五日晨大風雨至夜半止水湧二尺有半（海虞別乘）

八年春大水民訛言有狐妖（錢志）或云寶巖海出蛟穴甚深三日後濕潤如常（康書　又云十一年六月二十九日亦出蛟）

十三年五月十五日龍見城西北自大義橋入於海所經民居牛馬柱礎悉飛濛空中如燕雀林木盡拔行人遇之攝去數里而墮舟楫飄舉天地晦黑雷中見一白龍蟠亙無際二黑龍導之從鑿雨凡五晝夜水圍城郭民多飢死有僧結廬在水之南偕山而返徙在水北壁落如故封鎖宛然（按海虞別乘虞沿柳南隨筆記此事並作正德十三年蓋即舊志所記龍壞俞市民居事柳南稿曾見録中辭交而以錢志記於崇禎年爲誤茲姑兩存之）

十四年二月朔黑霧陰晦四塞三月風沙蔽天（俱錢志）十六日有

虎入錢家倉獲之虞書夏大旱螟米粟踊貴餓莩載道錢志旱田翻種赤豆有蟲如蠶大逾指長三四寸食豆殆盡有青黃五色者鄉人冒霧捉而殺之然不勝殺也聞此蟲蠕行於江右遇五色者田畯相慶為瑞蓋蟲腹有脂煎之作占茲歲彼處絕無而江南則徧地皆有江右人賚錢來買每百枚得占一斤虞書

六月海潮日三至大風害稼

十五年春螟螣過雨化為魰蝦

十六年十月朔黃霧四塞俱錢志

國朝

順治三年正月吳中有人面鳥鳴如鼓鑼或如牛吼在蘆葦中各縣皆然虞山雜記 按光緒壬辰郁城亦有此獸故志之天津人呼為土牯牛

四年饑府志

六年三月太白晝見　八年正月地震夏大水民飢米石四兩二錢（俱錢志）　九年大旱　十年六月乙丑大風雨海溢平地水丈餘人多溺死（俱府志）

康熙元年歲大稔　三年七月甲午海溢（俱府志）　十月彗星見五十餘日而隱　四年二月彗星復見（俱錢志）　秋海溢（府志）　七年六月地震有聲地生白毛（府志云火之極臭）　七月太白晝見（錢志）　九年七月大水海溢海濱人多溺死歲大祲　十年六月旱

十三年夏大水（俱府志）　十五年秋大水（錢志）　十七年大水（鄭光祖一斑錄）　十八年旱飛蝗蔽天赤地無苗　十九年大水平地高數尺行船入市田廬漂沒八月朔長星竟天如白練（俱錢志）

按戴東野南雅錄云戊午己未兩年大旱庚申大水雖三載旁竟而民尚不甚窘至辛酉大稔所記年分與此互異

二十年赤旱滴雨不降而蘇常十餘州縣皆有秋水利志 三月二十八日大東門外大火鶴南雜錄 二十一年歲大稔 二十二年春淫雨無麥 二十六年七月大風水傷禾 二十七年七月蟲食禾 二十八年秋蟲食禾俱府志 三十二年大旱一斑錄 三十四年夏多雨傷稼府志 三十五年六月朔潮溢滸墅與永興諸沙潮溪紀略 三十六年正月朔雷秋大水 三十七年七月癸巳大風拔木平地水丈餘俱府志 四十一年大水一斑錄 四十六年大旱四月不雨至於七月 四十七年大水俱府志 五十四年大水 六十年旱俱一斑錄 六十

一年夏大旱（府志）

雍正元年大水　二年旱五月蝗七月颶風拔木十九日潮溢沿海諸沙居民均被淹（俱一瓻錄　鴻災紀略曰此康熙三十五年更高三尺而吾邑潮退獨早未報成災）　四年八月霪雨敗穀至五年三月始糴　五年十一月雨木冰　八年五月水　十年七月庚子大風雨海溢平地水丈餘漂沒田廬溺死人畜無算（按舊傳潮災紀略一書皆紀是年事有云先是十五日海中忽腥穢氣觸鼻不可忍篙師伏長竹匿艙底越之十六日忽又異香氤氳水面舟人驚異是夜災至）

十二年四月大雨雹損麥（俱府志）

乾隆三年九月壬子大雨雹傷禾　四年四月丙戌大雨雹損麥　十一年正月雨木冰六月丙子雨雹己卯又雨雹庚辰

又兩雹　十二年七月壬寅颶風海溢淹沒田禾四千四百餘頃壞廬舍二萬二千四百九十餘間溺死男女五十三名口　二十年二月至四月兩麥苗腐六月大雨府志八月稻蝨生傷稼陳鑑竹溪見聞志其大畧云是年之六七月雨不退禾苗碩大人皆慶有秋也孰知八月之後忽起異蟲蟲小如蚊四翼而蠓首密布田間苗爲傾倒早稻遇之米若乾精不爲所損簇者皆得蓄收此種蟲出於螟螣蟊賊之外人所未見鄉人號爲稻蝨云總之稌直下遲亦當乾獨一時農諺有云秋前弗獨稻秋後勿懊惱是年出常有水費墾久後發而爲蟲理或然矣鴻文案此蟲與海虞劉秉所記天啟十七年夲大畧相似後則光緒二十七年後見之[illegible][illegible]後十一月朔地震　二十一年大疫米價騰貴貧民剝榆樹皮爲食　二十七年七月大風雨積水經月下田盡淹　二十八年五月甲申地大震　二十九年正月丁巳地震五月己卯

地又震　三十年正月甲寅地震　三十三年三月至八月不雨四月乙亥雨雹俱府志　三十四年大水一斑錄　三十六年十二月戊寅大雷電府志　四十二年夏大水　四十五年大有年俱一斑錄　四十六年六月十八日颶風大作海潮溢舊志拔竹落屋閱志曰是歲自小暑起日日東南風而無雨民間憂旱至立秋日風轉東北雨乃至酉后狂風大作屋瓦皆飛許城河水盡行捲去潮大溢　四十七年六月庚寅地震　五十年大旱河港皆涸蝗蝻生歲大饑　五十一年大疫三月三日大雪俱府志　五十五年四月五日大雨雹損麥一斑錄　十二月壬戌大雷電　五十七年五月癸卯晦地震冬無冰　五十九年七月壬辰大風壞廬舍寒如冬俱府志

嘉慶元年正月丙辰丁巳雪苦寒傷果植府志　九年春陰雨自正月至四月少晴霽日三月初六日夜有大星自東南移於西北其色白其長竟天約兩時許光始斂五月初八日初昏月如盎始三四圍漸至七八圍五色俱備圓如月望自五月初二日始連兩七晝夜十二日又雨至二十日止二十二日至二十五日復晝夜雨二十八日夜猛雨大雷電低田盡沒東南諸鄉悉成巨浸東西兩湖相通舟從田中行秋報門外形勢略高廬舍中水亦積二尺餘採原補天真閣集　十九年夏大旱地生黑毛　二十三年五月甲子大雨雹俱府志

道光元年夏秋疫至冬乃止名結蛛瘟一斑錄　二年夏疫又作

水中見紅色人飲之輒病張榮聞見異詞　三年自春徂夏多雨大
水田盡淤　七年九月初六日日暈黑白兩色十月十三日
日生兩珥　十年歲飢　十一年秋大水　十三年十二月
十六日日生珥　二十一年五月八日灝山出蛟水高數尺
冬大雪積二尺餘俱一斑錄　二十九年夏五月大水城市街衢
多支木板以便行人以下采訪稿數條外均據所見所聞所傳聞
咸豐二年秋大風折縣奎塔頂十一月初六日地震初九日天
鼓鳴二十七日日入後有赤光燭地　三年地震　六年
夏大旱秋蝗蝻生　七年春蝗復生　十年三月雪五條俱采訪稿
同治三年六月颶風大作壞民廬舍西北兩門外祠墓石坊吵

塌無算越月復大風猴壟塔傾　十年大有年二條俱采訪稿　十

二年十一月嚴寒倚湖冰內河冰厚尺許舟楫不通者數日按是年之寒本地所謂黃酒在瓶中俱凝頃即冰珠罕見也

光緒元年有秋按是歲上下數十年間冬春白米價大約低至銀一兩四錢昂至二兩餘率至二十三年始漲昂　二年夏秋間居民訛言有妖人用邪術翦人髮辮并於夢寐時魘人良久乃息按是年各省皆有此謠言非止吾邑爲然也　十四年夏大旱　十五年秋大水　十八年秋旱蝗　二十年秋蝗

二十一年夏疫癟螺痧　二十四年夏少雨米價騰貴　二十六年秋稻蟊生　二十七年夏大水秋海湖爲災灘東與等沙　二十八年夏疫子午痧亦名癟螺痧

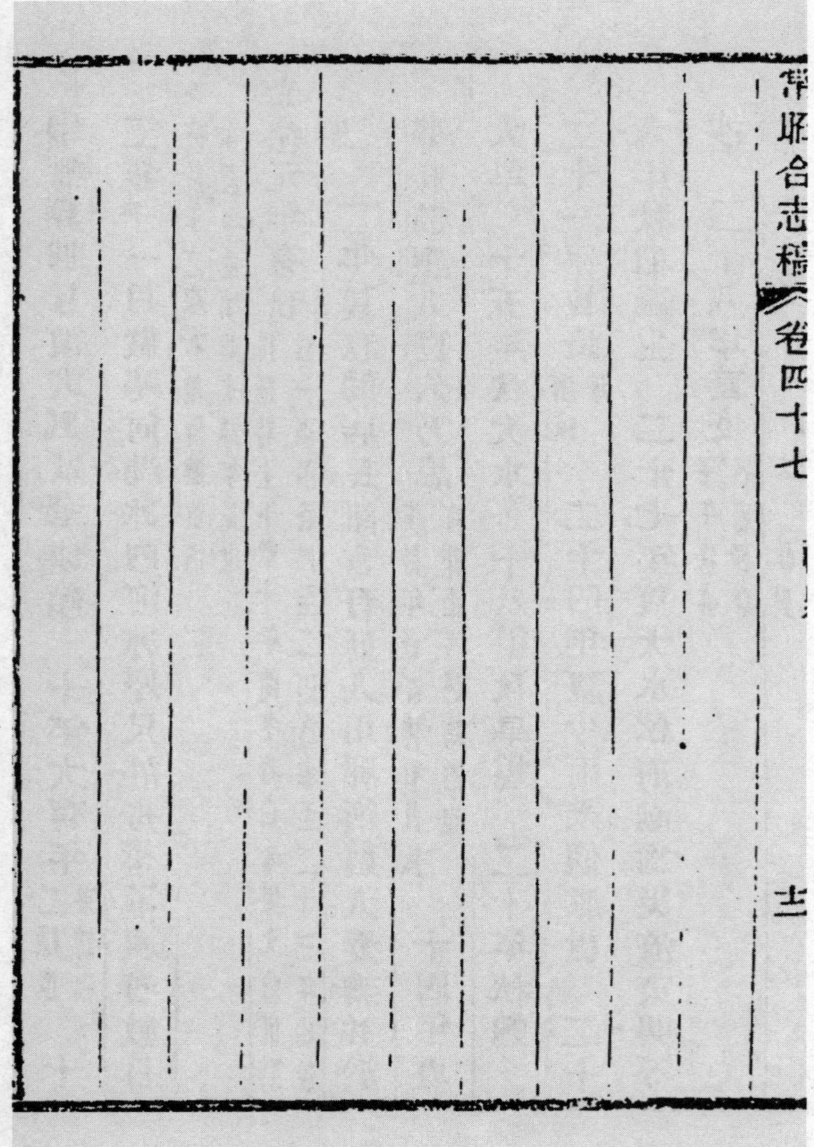

合志稿 卷四十七

【乾隆】吴江縣志

(清)陳莫纕、丁元正修　(清)倪師孟、沈彤纂

民國石印本

卷之四十　　　　　災祥

禎祥 貞異

禎祥見於舊志者自宋至我　朝共准徵十有八而分縣二十年來已得四事則

前之失載者多矣至高年貞異舊志皆不載惟史志載明洪武至成化中通行優

給諸郡而吳江事亦求詳今各就所見聞著於篇餘俟續考

宋紹興十三年芝草生七月甘露降魏羆家 見史志

延祐曹萬言祖母蔣氏年至一百一歲卒

元至順四年民家牛產一麟有司上聞詔檻送京師 見史志下十餘同

吳元年太湖冰岩三日

明永樂五年大有年

宣德七年秋大有年

八年大有年

十年大有年

正統二年大有年

五年三月麒麟產於牛長瀝周家十有八日而死

六年大有年

天啟三年麥稔

六年麥稔

弘正間縣市人錦衣衛經歷丁瑞母俞氏壽至一百二歲卒

隆慶元年大有年米石銀三錢見府志下四條同

萬曆十二年有年米石銀三錢五分

十三年有年米石銀三錢二分

十四年大有年米石銀二錢五分

三十一年有年

崇禎中江南市有百歲老人陳賢訓導林正茂舉報本董志

大清康熙十年大有年

二十七年計八十以上老人六百一十五名奉　恩詔賞給每名米一石肉十斤絹一匹綿一斤九十以上老人一十八名每名米二石肉二十斤絹二匹綿二斤共給

米六百五十一石肉六千五百一十斤絹六百五十一匹綿六百五十一斤

三十五年大有年米石銀七錢

四十年大有年米石銀八錢

四十二年計八十以上老人一千五百九十二名奉　恩詔賞賚每名米一石肉十斤絹一匹綿一斤九十以上老人八十一名每名米二石肉二十斤絹二匹綿二斤共給米一千七百五十四石肉一萬七千五百四十斤絹一千七百五十四匹綿一千七百五十四斤

四十八年計八十以上老人九百一十八名奉　恩詔賞賚每名米一石肉十斤絹一匹綿一斤九十以上老人三十九名每名米二石肉二十斤絹二匹綿二斤共給米九百九十六石肉九千九百六十斤絹九百九十六匹綿九百九十六斤

五十一年大有年

五十二年計八十以上老人三百五十八名奉　恩詔賞賚每名米一石肉十斤

絹一匹綿一斤九十以上老人六十九名每名米二石肉二十斤絹二匹綿二斤共給米四百九十六石肉四千九百六十斤絹四百九十六匹綿四百九十六斤

六十一年計八十以上老人四百四十二名奉　恩詔賞賚每名米一石肉十斤絹一匹綿一斤九十以上老人十名每名米二石肉二十斤絹二匹綿二斤共給米四百六十二石肉四千六百二十斤絹四百六十二匹綿四百六十二斤

雍正元年計七十以上老婦四千九十五名奉　恩詔賞賚每名米五斗布一匹八十以上老婦一千七百一十名每名米一石絹一匹九十以上老婦一百一十四名每名米二石絹二匹共給米三千三百八十五石五斗布四千九十五匹絹一千九百三十八匹

以上皆在分縣前

五年大有年

八年平望六里舍民田嘉禾生一本百穗士大夫爲詩文知縣陳兆麟刊行之名

嘉禾集是歲大有年

乾隆元年計八十以上老人五百二十九名奉　恩詔賞賚每名米一石肉十斤絹一匹綿一斤九十以上老人六名每名米二石肉二十斤絹二匹綿二斤又八十以上生員監生七名各給八品頂帶榮身又七十以上老婦二千九十二名每名米五斗布一匹八十以上老婦五百九十二名每名米一石絹一匹九十以上老婦一十七名每名米二石絹二匹共給米二千二百一十三石肉五千四百一十斤布二千九十二匹絹一千一百六十七匹綿五百四十一斤八品頂帶七副

八年大有年

九年黎里西胥圩民錢瑞卿年百有一歲知縣丁元正詳請題旌

災變 [illegible]

災變多端莫大於水旱吳江於蘇郡地最窪水患尤劇舊志之籍水災者惟史屈二志最詳沈彥亞之集志亞之錢志又亞之史沈二書皆本歷代諸史兼采故宋遺錄先

纖緒談稱志則用府志十之九蔡志要亦文徵錢志乃其所目擊者故諸書多有微可信今悉本之而仍參考諸史及蔡錢折中附攝恐吳江被水而不載他郡邑水祗吳江亦書也若他災變法倣此至附書編輯諸事遠者亦采史籍近者則專用縣冊云

吳永安四年大水

天紀二年秋大水

晉太康四年冬大水

咸康元年六月大旱饑

宋元嘉七年十一月太湖溢穀貴民飢

十二年六月大水饑

梁大寶元年旱蝗大饑

陳太建元年大水

隋開皇二十一年十一月地震

唐貞觀三年秋大水

長安元年八月地震

乾元元年春大水

長慶二年連大雨太湖溢

四年夏大雨水太湖溢決

太和六年二月太湖溢

開成三年太湖決水溢入城

會昌元年七月水

中和三年夏空中有聲如轉磨無雲而大雨

天復二年三月連三日大雪盈丈雪氣如烟而味苦

天祐元年十月大雪平地丈餘

以上皆在置縣前

後唐天成元年大水水中生米大如豆民取食之

四年地震

長興三年二月大雪二十八日

後晉天福五年大水

後周廣順元年正月大雪平地五尺有餘

三年大旱

宋開寶六年十一月二日大雪如烟平地三四尺

太平興國二年八月朔大風湖太湖水溢

大中祥符四年九月太湖汎溢壞廬舍

乾興元年二月雨大水壞民田六月湖田生聖米居民取食（參宋史）是歲詔賑恤被水之家

天聖元年大水壞太湖外堤

景祐初大水

慶曆八年大水田滓幾盡

皇祐二年水大饑

嘉祐四年大水害稼

五年七月大水田災

熙寧七年大旱太湖水涸湖心見古墓街衢井竈無算蝗蝻生八年連大旱民冬殍死閭里無烟

蘇軾曰熙寧之災傷本緣天旱米貴而沈起張靚之流不先事奏聞但務立賞閉糴富民皆爭藏穀小民無所得食流殍既作然後朝廷知之始敕運江西及截本路上供米一百二十三萬石濟之巡門俵米攔街散粥終不能救饑饉既成繼以疾疫本路死者五十餘萬人城郭蕭條田野邱墟兩稅課利皆失其舊

此不先事處置之故也見文集

元豐元年七月四日夜大風雨水高二丈餘漂蕩尹山至吳江塘岸洗滌橋梁沙土皆盡唯石僅存

四年春大水七月西風駕湖水浸沒民居濱湖者皆蕩盡或舉家不知所在長橋亦去其半橋南至平望皆如墟死者萬餘人翌日水退村人漸隨流鬻棺者一日盡售無以繼之諺曰吳江以北露地而哭平望以南刈禾而歌

元祐五年舊作六誤年六月大風雨高低田皆巨浸無稼民多飢死明年賜米及錢賑之

九年九月地震有聲

紹聖三年夏秋地屢震

元符二年六月大雨傷稼

建中靖國元年水災

崇寧四年水賜乏食者粟本宋史

大觀元年十月大水地震宋史
政和五年八月大水田災
重和元年大水田災
建炎三年大旱無秋
四年二月大疫夏秋旱大饑死者甚衆
紹興元年大饑民多殍死明年蠲積欠租賦
三年正月淫雨水大溢八月地震
四年夏淫雨壞蠶桑害稼民多流移
五年自春至秋不雨八月大雨湖水汛溢田廬淹沒者十七八十月大風拔木民
飢多死
六年地震有聲
十四年大水圍圩淹沒

二十三年大水

二十八年七月壬戌大風雨駕潮漂蕩數百里壞田廬蠲其逋賦文獻通考云是年詔在法水旱檢放及七分以上者濟之自今及五分處即撥義倉米賑濟

隆興元年八月大風水溢漂沒田圩悉蠲其租

二年七月大水浸城郭壞田廬軍壘操舟行市者累日人溺死甚衆越月積陰苦雨水患益甚

乾道元年米價騰貴大疫死於病飢者無算

三年八月大水蟲傷稼

六年五月大水漂民居浸田稼潰圩堤人多流移秋螟災

淳熙八年夏疫秋旱饑賑之蠲其租

九年秋蝗食稻大饑十月蠲淳熙七年八年逋賦

十二年八月有蟲聚於禾穗以油洒之即墜一夕大風雨盡滌之

十四年六月旱七月蝗歲饑

紹熙五年自春至秋不雨八月大雨水溢圮田廬甚衆十月大風拔木民飢多死

慶元元年大疫

二年大水爲災

三年春夏不雨種植不能入土

五年夏秋久雨八月大水田廬漂沒復大疫死者甚衆

六年冬煖無冰雪桃李花蟄蟲不藏

開禧二年夏秋久旱蝗飛蔽天豆粟皆既於蝗

十六年三月江湖合溢城市沈没累月不洩

嘉定六年夏秋淫雨大水雨雹傷稼

七年夏秋大旱蝗官令飢民收捕計斗易粟

八年夏大旱草木枯井源竭

十六年五月太湖水大溢漂民廬舍害田稼圮城郭隄防溺死者無算

紹定三年夏大雨四十餘日田禾淹沒見府志

嘉熙四年大饑米價騰貴人相食日未晡路無行者

寶祐二年恒雨大水

開慶元年大水壞田稼

景定二年大水

咸淳三年大水田没過半

德祐元年大水

元至元二十三年六月大水壞民田

二十四元史作五年大水明年穀上供米賑之

二十七年大水饑明年三月發粟賑之仍弛湖泊捕魚之禁

二十九年六月大水饑免至元二十八年田租

元貞元年九月大水

二年五月大水九月復大水

大德元年此從史志水考作二年雨大水水考下云大

五年七月朔大雨颶風及吳江壞民居太湖水溢入城本姑蘇志以糧隨時直賑糶

七年閏五月大饑減直糶糧

十年五月大水害稼七月大風太湖溢漂沒田廬無算十一月發米萬石賑之

十一年秋旱十月大水饑兩發粟賑之

至大元年水大饑發米鈔賑之是年差發夏稅並蠲本元史參查志

四年雨田作渰免租糧四之一賑之本元史下同

皇慶二年七月大風太湖溢

延祐三年雨田半渰

五年雨田渰過半六年七年如之

至治二年大水損民田

三年雨水

泰定三年水田渰過半

天曆元年八月大水没民田

二年夏大水秋旱饑冬大雨雪太湖冰厚數尺人履冰上如平地

至順元年二月大水漂民廬七月復大水害稼民飢疫死者甚衆葉志無元年事而以二年事屬之元年誤詔行省以入粟補官鈔及勸富人出粟賑之

二年八月大水害稼十月大風雨太湖水溢漂民居一千九百七十餘家命行省給鈔千五百錠賑之

三年九月大水

元統二年元史史志作三歲從水考府志年大水田渰過半大饑明年計戶發米鈔及勸富人出粟發常平義倉賑之

後至元三年水田半渰四年至六年如之

至正二年大水湖翻漂没田廬

四年水

六年水田半渰

七年大水無秋

八年四月大水稼穡不成給海運糧賑之

十年雨大水田渰過半

十一年大水傍湖蝦工家御樹椿安鐵礁已十餘年矣忽發長條數莖如翠

十三年大水

十五年正月二十三日酉時空中聞兵甲聲自東南來民皆驚走見黑雲中彷彿中騎火光若燈燭皆無算至西北而没居民瓦屋皆揭去屋内器物傾仆亦無算

五月大水田禾盡渰

十六年大水冬有星隕如新斷青行

十九年旱

明洪武元年災閏七月免田租本明史

按明史太祖本紀是年免吳江被災田租而五行志不載是年水旱故今但言災也

三年饑六月賑之本明吳泉

六年饑發倉糧貸民八月蠲之本盧志

七年饑四月免夏稅絲麥菜子秋糧鈔及荒田芷耗水腳米五月賑之本府志參明史

八年大旱免租參省志

按明史是年十一月遣使賑蘇松等府水災而吳江獨大旱則災荒之不齊也

抑舊志誤書水爲旱歟

九年秋大水蠲其田租十年春賑之本省志參明史下條同

十一年五月水存問災民戶賜米一石蠲其逋賦

十七年大水十八年二十年二十二年二十七年如之三十一年水三十五年如之

永樂元年大旱蝗

二年五月大雨低田盡沒農民車水救田股仉力竭仰天而哭小兒女呼父母索食繞車而哭壯者相率借糠雜菱荇藻食之老幼入城行乞不得多投於河六月賑之始小蘇按續文獻通考是年定蘇松等府水淹去處給米則例每大口米一斗六歲至十四歲六升五歲以下不與每戶有大口十口以上者止與一石其不係全災內有缺食者定借米則例一口借米一斗二口至五口二斗六口至八口三斗九口至十口以上者四斗候秋成抵斗還官十一月蠲其田租明年六月再賑之

三年六月朔至十月淫雨大水田禾盡沒房舍之中可捕魚是歲民饑蠲田租明年賑復業民戶參省志

六年水

七年大水

九年水田半淹十年至十四年如之其十二年十三年水尤大並蠲其租

十六年大水

二十年大水蠲災田租二十一年如之

二十二年水此從水考史志云大水

洪熙元年大水

宣德元年大雨水無秋遣官覆視災傷蠲其租

二年水三年如之

五年大水

六年水

九年大旱田荒發濟農倉賑貸之

按此年水考府志並云大水而明史五行志云旱省志亦云大旱與史志同

正統元年水

三年夏大水冬大雪四十日

四年雨水七月免災田稅糧十二月大雪三旬積五尺有餘

五年春正月大雪二旬積丈餘夏大水漂沒田廬秋亢旱高原苗槁斗米千錢大疫餓殍載道十一月免水災田稅糧

七年潮海溢漲平地水高數尺七月十七日大風潮圩岸俱圮巡撫侍郎周忱預奏留官糧十七萬賑濟吳江居其四

八年八月二十日大風潮田禾悉漂沒

九年七月十七日大風潮拔木偃禾淹田廬近海溺死者不可勝計惟吳江幸無死者明年八月免災田秋糧

十一年五月大水六月地震明年四月免災田秋糧

十二年大旱蝗饑

十三年水

十四年大水無秋

景泰元年大水

三年水四年如之

五年春大雪平地丈餘草木鳥獸凍死無算夏大水田廬漂没過半斗米百錢按明史洪武中制錢一文當銀一釐至成化末如之前云斗米千錢則當銀一兩固大貴此云斗米百錢則當銀一錢亦小貴蓋其時米價本甚賤故也饑殍相枕盜賊蜂起兩稅無徵按明史是年九月詔蠲免漕糧濟農倉積米三十餘萬石賑盡又納粟補官以繼之

六年旱大饑賑之

七年夏旱七十日秋大水農乘船而刈

天順元年大水無秋

三年水四年如之明年三月免災田稅糧

六年水七年八年如之

成化元年春夏久雨大水無秋敕撫按官賑之

二年水三年七年八年如之

九年大水

十一年水

十二年八月大水冬大雪大寒冰厚數尺河路累月不通二十一都有黑氣一道從東北去次年大疫人畜死者無算

十三年春水無麥蝦蚄生秋六月桃杏花盛開

十四年大水

十七年春夏不雨地坼川涸禾槁及根秋七月雨有颶風八月連大雨太湖水溢平地深數丈蕩民廬舍九月初大風雨晝夜如注至冬無日不雨禾稼僅存者悉漂沒有司以水不爲災告征求轉迫民不堪命多死杖下或自殺明年大饑人相食斗米

百錢郡縣設糜寺觀聽人就食吏人侵牟所得無幾死者如故是年田皆蕪穢稅不入有司復責稔者代輸民大困

二十年水大饑斗米百錢參黃巖志

二十二年大水

弘治元年水

四年大水平地如江湖人不得稼參文徵五年如之十一月免四年被災秋糧

七年大水冒城郭行舟入市田渰幾盡以存留折銀兌軍米賑之明年五月免其秋糧又免本年夏麥十之三十一月又留滸墅關稅銀賑之

沈啓水考曰七年大水知縣金洪勘災以田渰幾盡向民泣曰民傷已甚可亟傷乎爲報全災奏允民免流田免荒至今談者德之

十一年六月十一日河渠池沼及井泉悉盈溢高傍數尺良久乃定見府志

十八年水

弘治末同里龎山庵村三處一夕訛言海上掠童男女充祀爭抱嬰孩走竄門投匿太學生王明別業在龎山空廒數十間須臾塡滿氣窒人幾死有頃訛言定明族呼出之莫知所自是歲崇明賊施天泰叛入海中動一郡之衆閲歲乃平

正德三年大旱河底生塵

四年夏大旱地震有聲七月連雨十七日田成巨浸無秋

五年春雨連注至夏四月湖水橫溢官塘市路淹沒不辨長橋不沒者尺餘浮屍蔽川凡船戶悉流淮揚通泰間吳江田有拋荒自此始是歲復大疫死者居半又値逆瑾柄國誅求繁重守令爭取應之因以白碰吳民之窮前此未有

七年三月八日地震有聲

十三年六月大雨水渰田十之七明年夏四月絶其秧稙

嘉靖元年七月二十五日大風竟日太湖水高丈餘濱湖三十里內人畜屋廬漂溺無算翌日兔流屍十無二三間有附木隨風抵岸得生者皆從遠望之但見滿湖

皆火云時田禾多被災明年六月免稅糧之半

三年先旱蝗後多風雨大饑斗米百錢

十年雨不害田無秋

十三年夏旱秋潦田半收

十九年大旱蝗饑知縣喻時設廠發粟仍請於御史以贓罰等羨金充歲課缺額

二十三年大旱河底皆坼饑大疫民多殍死

二十四年大旱太湖水涸斗米百錢按嘉靖間以制錢與前代雜錢兼行上品者俱七文當銀一分餘錢高下爲三等下者二十一文當銀一分後定嘉靖錢七文洪武諸錢十文前代錢三十文當銀一分其民間所用小錢以六十文當銀一分此所云斗米百錢者蓋七文當銀一分之制錢也人食草根木皮大疫路殍相枕

二十八年大水

三十三年兵荒薦臻盡蠲本年存留錢糧改折起運之半本省志

三十七年雨水拚中下田

水考曰吳江二十八都最低知縣曹一麟往勘至辨虛圩大而水深曹怒曰此湖也責引路者三十民泣曰此田從豚蒔苗苗在水底可證命隸人沉水底取出爛苗視之不信至數處皆然猶謂無傷禾稼以復上臺人謂與金尹勘災異矣

四十年自春徂夏淫雨不止兼以高淳壩決五堰之水下注太湖襄陵溢海六郡全淹蘇市無路撐舠行舟吳江城崩者半民廬漂溺村鎮斷火枵腸食粥按省志是年以蘇松等府水災賑濟則所云食粥者乃官煮散給之粥也仆斃甚多幼男稚女拋棄津梁寒士貞婦假貸不通往往自盡疫癘因仍道殣相望較水者謂多於正德五年五寸是歲改折起運糧米停徵宗人府米折銀京庫草折絹折等銀仍留稅銀賑濟

水考曰是年六月巡撫方某上請免災民糧銀疏時巡按陳某以送舟歸闕方未再請戶部以無巡按疏不爲覆免止改折銀三十一月巡按始到曰縣被災非常上疏雖切過時不行糧銀不得自是累年併徵

戶絕村空縣官爲累且部差郎中分年坐守豈仰體優恤之旨者哉

四十四年有倮孽婦人食死人㬌胃。見府志

隆慶三年水改折被災漕糧及額解蘇米倉米本縣文獻通考

萬曆五年六月連雨寒如冬傷稼明史

六年正月大雨雪冬嚴寒大川巨浸冰堅五尺舟楫不通

七年五月久雨大水一望無際禾苗淹盡七月賑之蠲稅糧

八年夏連三月雨田淹大饑冬十月賑之明年四月又賑之

十年七月五日大風雨拔木覆舟十三日又大風雨太湖氾溢民居漂蕩十存二

三溺死人畜無算與嘉靖元年七月間適當甲子一周十月賑之蠲稅糧

按是年與嘉靖元年並歲在壬午弇州史料後集奇事述云以余所見及野史

所載是日俱有龍火之異前壬午禍微輕而遠後壬午禍甚慘而狹要之六十

年內所無也今人知其周一甲子耳不知其干支正同蓋無一日之爽也與

祲異設

十五年夏淫雨七月二十一日大風雨一晝夜田圍崩裂水溢丈餘禾苗漂沒

十六年夏恒雨大饑米石銀一兩八錢此本府志葉志云吳中大旱赤地千里疑即十七年事

十七年六月大旱太湖涸米石一兩六錢發帑金賑之

十八年八月地震

二十八年九月二十五日戌時地震自西北至東南廬舍皆動有聲

二十九年春夏淫雨本明史改折本年漕糧十之七本續文獻通考

三十二年十一月地震有聲見府志

三十六年春地震三月至五月淫雨水浮岸丈許參考閩誌六月賑之十二月又賑之免稅糧

葉志曰是年大水高田皆淹沒城中居民皆駕閣以處魚蝦蠃蚌滿室臥榻之下可俯而探已而得旨蠲租奉行者猶欲踏勘轉更沈曆爲作勘災歌

四十六年十月四日大雷電雨
四十八年正月五日大雷雨二月連雨米石一兩四錢
泰昌元年十月二十日雷雨竟日二十一日四更大雷電
天啓三年三月十三日地震生白毛十二月二十四日戌時地大震
四年三月連雨五月又連雨田沒十八日大雨連五晝夜水大溢田與河無辨秋禾不登全漕改折
七年十月六日巽風大作太湖水溺丈餘吳江濱湖民多溺死免本年起存銀賦是年五月朔近黎里有軍籍平某者開兒嶠帶出地中掘之得一物面似猴無毛狐身前足似人手尾極大起之柔軟若死者一時傳觀莫知其名有一老人識之曰此猿也陰霾之氣所結而成出於山谷曰猊生於水鄉曰猱主干戈之怪也間時當復活蓋陰氣遇陽光是以柔軟而無氣又云此物性嗜人睛目似魚入水能取金銀至明日果復活殺之既而物色老人莫知所在見文徵

崇禎二年四月二十九日子時地震閏四月十二日亥時地震十二月十四日巳時地震歲大疫參府志

六年二月七日雨雹六月二十五日寅時起烈風至午愈烈挾雨傾注水驟溢丈塽廬舍周忠毅石坊亦倒

七年三月十五日卯時地震有聲若雷從西南起至東北止四月七日酉時大雨雹

八年大水田半淹

九年大旱夏酷熱人多觸暑僵死

十一年六月大旱有蝗自西北來損禾稼米石二兩有奇

十三年大旱蝗大饑

桑志曰是年米價騰湧富家多閉糶亂民朱和尚等率飢民百餘人滋巨室出糴不遂則碎其家名曰打米各村鎮皆然有借以修怨覓利者一邑騷動督糧杜同知勸富家減價平糶巡撫黃希憲取朱和尚正法此風稍息

十四年大旱（吳志云四月至八月不雨）飛蝗蔽天官令捕之一日兹甚米價石四兩流丐滿道多饑
餓死民間以糟糠腐渣爲珍味或屑榆樹皮食之冬行虛設賑施粥啜者日數千爲詳
漕米改兌麥折三分（縣省志）
十五年春大饑疫民多自投於河哭聲震道
十七年春大疫民嘔血縷即死
蘇志曰是年春疫癘大作有無病而口中噴血即死者或全家或一巷民枕藉死
相率祈禳鬼神設香案燃天燈演劇賽會窮極瑰奇舉國若狂費以萬萬計廟宇
中吏卒皆以生人充之時聞神語呵喝空中有枷鎖捶撻之聲如是者幾一月
大清順治三年正二月間鄉村人往往夜聞有獸聲如吹角或云飛虎或云地牛
竟不知何物四年春夏間盧墟以東群雞亂飛兩翼生長距如鷹爪狀又海魚大
上大者長一二丈小者數百千頭隨之是時殺掠甚慘亡筋不留此其應也（見文證）
四年大饑米石至四兩設粥賑之（本府志 省志）是年正月間周莊之東有虎至守巡兵丁

爭出射之而斃

八年正月二十五日夜子時地震夏大水大寒大饑米石四兩二錢賑之漕米改折十之六劉翁民孫仲彬等叩閽請之十之六舊志作三之一按省志蘇松等府改折秋糧十之六寧國等府改折秋糧三之一舊誤

九年大旱米石二兩七錢改折漕糧免派耗米參省志

十一年冬大寒太湖冰厚二尺連二十日樹柚死者過半見老圃閒談

十五年八月二十二日未時地震九月大水

十六年正月龍見淫雨六十日大水害稼蠲免十五年以前未完錢糧本府志省志

十八年大旱米石一兩七錢

康熙五年十二月一日地震八日地又震見府志下同

六年十二月二十七日雷虹見

七年正月二十二日雷電大雨六月十七日戌時地震有聲生白毛二十二日夜地又震十二月十二日地又震

九年五月連雨六月三日微雪十二日子時西北風大作湖水高湧至丈許城中街道水深三四尺行船自胥城門入漂拔墳墓厝棺以萬計破湖塞川其威烈皆不能辨有互相錯誤者水半日始漸平七月五日申時地震有聲是秋大無禾稻漕折十之三參省志

康熙間府志曰吳江水溢湧至縣治縣令徒行浮水出東門至長橋風吼濤怒路無行人忽有一老叟告令曰急取鼓樓上吳江縣畢榜投水可免陸沉令如其言水忽退落先是有蛙鳴桃樹杪又小魚腹下生足如手皆水兆也

錢志曰康熙庚戌六月十二日大水猝至間以狂飈村居漂沒人皆露處幾郭諸所罹禍尤烈先一夕有漁舟宿太湖濱夜半見水神列坐烟波間絳服雕冠如廷議國事者久之而散忽於湖中起一長隄如虹横截水面風大作明旦遂有此異吳江縣三大字額向懸邑門譙樓萬曆三十六年水至邑令上樓向額再拜取以投水水遂定是日趙令促騎出署水没馬腹不能行耆老言邑有故

事可行如其言果驗是歲田禾高低盡沒

十一年八月初一日夜紅光滿天如火沙飛蝗自北來徧野數日而滅生細蟲有足善跳有翼能飛蝕苗根按此即詩所謂蟊也而老圃閒談云食苗節間脂者則又爲賊矣蓋其時二蟲竝生也苗盡萎死

二十一日夜地震是年秋收不及十之一二明年豫蠲康熙十三年地丁正項錢糧之半參省志

十三年春夏連雨大水中下田俱未蒔十月龍見

十五年六月大水十一月二十八日卯時地震有聲

十七年水發正項錢糧買米賑之本省志

十九年七月連雨數十日此從葉志據志云五六月大雨八月復大雨水大至邑田全淹秋收不能十二蠲錢糧十之三其本年應徵漕米於二十年帶徵參省志

二十一年大水平岸十月廿九日龍見

二十二年春久雨麥萎無收麥石一兩八錢

二十六年大水

三十二年大旱港涸如平地借糴三十四年豫免漕糧三之一（詳見蠲免篇）

三十四年大水一望如平湖民飢賑之（參省志）

三十五年七月二十三日狂風驟發雨如懸瀑平地湧水數尺夜半反風而南勢益猛篩燃窗室無不盡皺屋瓦交飛頽垣覆屋者十家而九所至喬木倒折城隍廟古榆四大皆合抱連根盡拔

三十六年大水賑之

四十一年大水每畝糴漕米五升八合五勺

四十三年大水

四十六年大旱港底俱涸賑飢民貧生凡五月飢民每大口日給米二合五勺小口日給米一合二勺五抄貧生一百五十名每名總給米五斗共給米三萬二千三百八十九石五斗（按是年志報賑本縣者一本縣存米九百八十六石七斗一存穀二百四十六石一穀留本縣正耗漕米二萬九千七百九十石）

一贈米一千四百八十九石五斗各有奇凡穀一石折米五斗共成前數又免本年地丁銀九千九百五十兩七錢七毫米一千二百七十八石五斗九升九勺明年地丁銀一十三萬七千二百三十九兩六錢二分六釐四毫米一萬三千八百四十石三斗八升六合五勺漕項銀六萬八千九百五十七兩八錢九分五釐米一萬四千二百八十九石四斗三升九合二勺各有奇

是年十月初四日湖蕩池沼之水無故自相衝激波浪洶湧忽高三四尺踰時復故

四十七年五月大雨十六日水浮於岸七月十二日大風潮是歲每畝錢漕米二升三合八勺明年米石銀二兩四錢設粥賑飢移江西湖廣漕糧至邑減價平糶參省志

四十九年五六月連雨一十八日水浮於岸

五十一年八月三日至五日連雨水浮於岸十五日大風潮

五十三年大旱

五十四年四五月連雨二十六日六月二十八日大風潮水平岸七月一日又大風潮緜地丁銀二萬三千八百四十一兩九錢七分三釐一毫米三千一百二十二石五斗一升三合九勺各有奇明年賑飢民飭生凡三月內除小飢民每大口連一月日給穀五合小口日給穀二合五勺飭生三百三十四名每名總給穀一石共給穀并米折穀四萬四千一百十二石有奇按是年憲檄派賑本縣者一本縣例穀五千五百三十二石四斗一崇明縣例米一千一百石一嘉定縣例穀三百石一蘇州府截留江廣漕米四千四百五十八石三斗一吳縣截留本地漕米四千八百五十石一句容縣截留本地漕米四千三百八十一石五斗一句容縣例穀七百三十七石九斗一六合縣截留本地漕米一千八百二石三斗一長洲縣截留本地漕米一百五十石一江寧縣截留江廣漕米二石五斗一崇明縣例穀一千三百七十八石九斗各有奇凡米一石折穀二石共成前數

五十五年四月連雨十一日五月水浮於岸初九日大風潮禾棉俱沒并力救之水漸退乃可蒔

六十年旱蠲地丁等銀三千五百七十九兩五錢九分九釐五毫米豆四百七十

二石七斗五升五合八勺各有奇

六十一年冬水冰是年四月黎里永安圩虎宿民家衆逐之傷三人一躍往來田間兩晝夜守備汲光玉率兵下鄉虎已去不知所之

雍正元年旱觸本年地丁銀一千一百五十九兩七錢一分七釐九毫米豆一百五十一石六斗五升六合五勺各有奇明年賑飢民貧生凡三月二月初一日起四月三十日止號鄉共設賑廠五處飢民每大口日給米二合小口日給米一合貧生一百八十五名每名日給米二合共給米二千二百八十四石七斗七升有奇按是年憲臺撥派截漕捐設米細數缺

二年七月大風潮以海嘯故太湖泛溢觸本年地丁銀五千二百四十六兩七錢五分一毫米豆六百九十二石二升四合各有奇是冬明春賑飢民貧生凡五月十一月初一日起至明年三月終止內除小建三日每口每名日給米與元年同共給米五千四百一十五石四斗八升按是年憲臺撥派賑本縣者一江寧府截留漕米一千一十三石一淮安府截留漕米一千五百石一吳縣例穀積穀二千七百九十四石一長洲縣例穀八百九十七石八斗一江寧縣例穀五百四十石一[illegible]寧縣例穀二千一百一十三石一無錫縣民捐并例穀四百五十九石九斗各有奇共成前數

以上皆在分縣前

四年秋冬雨大水低田積潦不能刈禾覓麥無種蠲本年地丁銀一千八百二十九兩三錢六毫米豆三百二十六石九斗六升四合四勺各有奇明年賑飢民俟生凡三月（二月初一日起閏三月三十日止內除小建一日）飢民每大小口日給米與元年同飭生籍名總給米一斗七升八合共給米二千四百五十二石九斗有奇（按是年賑穀所取本縣者一雍正三年民捐穀七十一石有奇一雍正四年捐穀五百四十石一歷任藩司節捐參捐穀二千二百九十四石有奇一國泰勸司祭買米一千石共成前數）

八年五月大水十一月二十八日戊時地震自北而南（本鄉據不望志）

十年七月十六日大風潮覆舟推屋

乾隆三年六月旱蠲明年三月特蠲中小戶地丁漕項銀一萬二千八百二十四兩八錢一分四釐六毫有奇耗銀六百四十一兩二錢七毫（凡額徵銀在五錢以下之戶全免一兩以上五兩以下之戶每戶蠲銀四錢一分一絲有奇餘不免）

吳江縣志卷之四十

【光緒】吳江縣續志

（清）金福曾等修　（清）熊其英等纂

清光緒五年（1879）刻本

災祥

乾隆十一年六月丙子雨雪己卯又雨雪庚辰又雨雪

十六年六月大雷電汾湖旁農人衣多有紅印長短方圓不一洗之乾如故蘆墟民家甕忽鳴如鼓浪又如笙竽數日碎之乃絕

十七年夏四月地震

二十年春霪雨損麥夏六月大旱蝗傷稼十月庚子朔地震麥石銀二兩五錢冬同里鎮田野湖灘火光如炬有人馬舟楫之形

二十一年春大疫饑米石銀三兩八錢（葉眆升文竹山房雜識云民採草根木皮爲食有取山中嫩石吞咽者名曰觀音粉死者枕藉）

二十四年同里地名四大墩雷震田塍中得飯如新煮者

二十八年夏五月甲申地大震

三十年旱

王元文驅旱魃詩

今年五月不雨至七月原田坼如龜兆出村村戽水力已殫嗟爾旱魃恣凶殘念爾山澤居處安狐狸之與游豺狼之與般何爲暵暘跳踉出入民間爲民患吸人膏與並骨譴令人乾炙手遑其勢驅使到炎官赫赫張火繖高空奉渴歎蝗蝻蒙瘴濩精天飛浸漫聲逐升旋序立各如奕恩戚一一伺爾顏蛟龍失勢但貪睡不起鬱鬱病中盤踞閟將官寅氏宍氏哲族氏或覆其巢獻其腐先王有害務盡除姑息養奸非治理嗟爾形質不與鳥獸同往行不恆庶如風陰弓枉矢不足射嚼爾好語無情緒　附家思念舊前古捌陰　皇心彰疾苦耆齡孔虎畿遠設亦歟自蹤行將樹有道之世鬼不發旱不旱去消其形作看甘霖普降焦禾甦吹幽擊蜡歌豐成萬姓赤子熙春庭

三十三年自三月至八月不雨東太湖涸

三十四年夏五月霪雨太湖水溢饑

三十六年冬十二月戊寅大雷電

四十年秋大有年

四十六年夏六月己丑颶風大作海潮自東北來過縣境

四十七年夏六月庚寅地震是年正月同里堅冰生於樹日出望之如水晶枝也占曰木生介達官怕

五十年夏大旱蝗蠲銀米有差

五十一年夏大疫饑米石錢五千

五十二年同里有木工鋸木得太平二字木滋結成者

五十七年夏五月癸卯晦地震冬無冰

五十九年秋七月壬寅大風拔木寒甚一日更裘葛焉

六十年秋大有年

熊其英曰乾隆朝非父老所稱極盛時哉然陰陽之沴水

旱偏災時有之當時皆免天下錢糧及分別蠲賑之

詔史不絕書兩四十二年

上諭部庫帑項尚積有七千餘萬豈非藏富在民百姓足而

君無不足哉

嘉慶元年正月丙辰丁巳雪大寒河冰傷果植及麥

三年同里白蓮庵旁民家生一犢牛兩首八足兩尾一身尋斃

四年秋有年

七年秋大有年

八年十二月庚寅晦大霧先是有黑星隕於地大如碗

九年夏五月大水害稼緩徵銀米有差

周夢台甲子紀災

去年亦六則今年水七則六則吳江平七則吳江沒水平

民不平世風日華飾可憐飢饉很早作豐年福務滿常苦
問發米紛努力　村南災洵好穀與村北竹村北倉粲望
村南堤已潰水來不顧身捍水先以背御天正昏黑雨點
疾波塊夜半夢魂驚盪餘閱又大　水東日軛軛濱耀日
蕩漾下有垂死苗根爛葉色殷老農縱自懸曰懷芽其閒
水涸始分明作一無條殘　東北地勢高苗長可易錢向
前問價值一畝錢十千悉索倒餘飯且緩計米隨非輕錢
十千饑倖伏有年　嚐苗苦無錢高價適游蕩東家有良
苗西家起強聚花來星月黑田閒走虎狗滿滿搶一空業
縈但泥濘　忽劉上官分勘災來而開明朝到衙鄣越山
到北圩處處必躬覲一一察頓連將以下民隱入告我
皇前吾民謝之審一時望眼穿　又發時官令命民自呈
告某出淹茂分某用全水游衛輕舟言追分嚴吏辭幾奉
之如流水民豈與官詢于是上官舟田閒終未到　天心
不可挽人心遂一變村中有大戶部里胥來見家家素柴
米人人想屬饑初以美言乞不應即反面頭刻虎很起蟻
張疾于電亦知化法律其奈饑荒殊犯則法如難不犯命
如錢　勿作擒荒歌勿作窮民歎有米且勿妨有金且勿
散一日官但急天雪背借升勸災定三分
不作凶荒算但願處事不加耗勿至斗
張海冊救荒私議畧
今之議救者曰平價夫收米價低昂之權商與牙也彼其
人大都市非驟倉乘時規利一問平價之分則閉而不出
客米一絕而居民之徵費[illegible]為積穀者亦將深居觀變官

不能禁其苞餽而發之也且斯令行胥分贓得行漏禍於商牙而商牙又得鬭通胥吏任騰爲贓賊而擅專之事以起又曰請賑夫請賑必待得　旨又必待諮勘自請賑至得　旨需月餘自諮勘以至放賑又無慮月餘民爲餓莩久矣或又曰勸捐如何曰法無不可行者然竊慮未有盡而昨甚遂得米萬石且立盡米盡而窮民仍不能自爲生計日就破大戶之旁渠逐官府之剝患且不測且北時集人力圍圩岸曉夜車戽晚稻猶及種插或廢時望芋瓜菽之屬若豫之藥絕百事以待升斗之養於上所謂以賤莩之養畜之者也豈所以爲民計長久哉今有一法等古人所已行可以救荒民而兼顧荒而莫如興工以代賑吳淞之塞久矣水之溜而不速去未必不以是令歲若大豐吳淞江而以請賑勸捐所得按給工食刻日集事凡各港各圩地則分其地之紳耆視圩岸淤宜修濬渠款寬淺亦鄉勸募糧米糾人修治公私兼濟事集之後以其溥上之官凡胥吏需勿役以夜吳務任從迫之民以修圩浚渠任各鄉民向來常平義倉官自平價出糶爲吏以所入銀備撥公幫出內客米增價以來商而平糶以惡民以銀米遂消息至銀盡而止此法行不大蕩公給利一救困於萬一利二置場以出糶客米則米易消而後者將益至利三

十九年大旱自五月至七月不雨地生白毛

金黃鎮姑蘇城

城上草盡枯稿源田一莖遍長家家多而救者夾父子

夜衙田間過桔槔未停搖聲聞城中人家不能寐因思無水雖晨炊吁嗟乎農夫耕耘苦不止何如婦姑繅去搖水

二十三年大有年

道光元年春疫夏疫甚

三年大水自三月至五月霪雨不止六月甲辰大雨迄七月戊辰大風水驟漲一尺甲戌又大風禾盡淹賑卹蠲免銀米有差

費蘭墀與程竹厂侍御論災賑書略

江震內四月霪雨不止河水盛漲五月十八九間雨勢益盛低區盡淹至二十一二日大雨如注又受湖州下流之灌水河水漲長至三四尺民田圩岸盡圮六月二十後又漲二尺漸減農民竭力戽水補種七月初風雨大作水復漲二尺餘詢之故老乾隆三十四年嘉慶九年皆被水患旋涸退減未有積水至五十日之久如今日者也近年各省州郡逐縣自查報以至賑糶一一奉行無弊然非真能盡心核察則此數者皆無益於災民內委諸幕友外假手於吏胥則分數或有不實而賑糶皆足以滋弊故救荒以州縣重州縣得人最難要在於盡心力以求實惠之及民而不過推其文也又官賑每米一石折錢一千災民大口每日給

賑半升例給錢五文不足以資餬口且其勢難以徧給向來以本地之士賑佐官賑之不足設有獎勸之條其捐數千兩以上者奏請入流職銜不及千兩者詳撫給額獎勸此次被災較廣災重之區待食土賑者尤衆思以為獎勵從優則捐助多而全活衆鄉居不敢妄議請恩之而詳咨敬陳以達 天聽於救荒非小補也

費尚書減賑記略

江震兩邑向未有鄉賑也嘉慶十九年旱災百制府行鄉賑甚力蘇藩司所屬者捐賑以六十萬計其時江震亦旱而無捐賑追而溯之維乾隆二十年曾行煮賑亦未嘗實行鄉賑也比者被水尤重大府軫念災黎勸捐之令發下設局之始衆以為疑慨大府主持勸懇誠始得集事兩邑所捐合計銀得十萬有奇其造皆合咨戶自行放賑江之盛澤鎮震之震澤鎮各設局發米不按戶而齊其餘城鄉皆按戶給錢如例賑間有向闕未得與者然法校不下三十萬口其有造於兩邑大矣利之所在皆亦生弊或驟發米以待來者何以遠老弱擬[illegible]之不能至者且使之日日棄走以求口食生計盡衰測以濟擠業蒸為人致濡此其弊也循照例賑官冊按給容存失之冒濫政有滋漂濤素亦不能無濟也不以目前已熱之業為可安而以將來未然之患為可懼今春出之播種十不過三四之然止數兩月過此以往皆枵腹待斃之日也能續領飯之處尚從事出敵乎州縣動以民情安堵為詞其情然聯上之大其可歸歸歟否請之加賑吾請之鄉恐否又請之吾於民亦

既盡心耶

費蘭舜又與趙芝鴿論賑餘書

修葺文廟一事承示各條愚議關詳催餘力切及照辦三忠祠一條恐鄉局諸君子於此不無與議也現在縣則縣餘出自藏墟者淺四千金其意本欲提回本與以爲善堂公款黎里亦有晋備義倉之說修莫文廟諒無便議若統各鄉局所餘盜舉而歸之於賊文斷之外預儲一切修埋廟宇之用其知者謂以賑備工其不知者直謂鄉指之而城總之也天災流行遠則數十年近則十餘年所不能無之事若前事有所藉口則樂輸愈少勸捐益難關係不小諸君子急公好義之心轉滋後日靡妥人口實茲爲非計而使與時鄉賑有鑒於此以爲徒多無益道致應捐不捐坐觀災黎之失所而不能救此尤仁人君子所不可不深計而熟慮者也

侯官林則徐繪水集序

震澤王傍嚴徵君癸未水災奉其母夫人命輸白金千兩以上郵死者賑生者聞於　朝得旌其門是年徵君以所作閔災諸詩繪圖徵詩上大夫莫不棖觸懷抱形諸篇什遂成巨冊名曰繪水集會余巡撫吳中辱來請序方水災時余適陳臬於此其顛連疾苦之狀不忍觀不忍聞皆耳聞而目觀者也顧潔人士好義者眾補苴罅漏術事安輯而冊中諸詩多有歸美余者是滋余之咎焉夫救荒無善

策臨郵補救郎云有濟亦千百之作一耳且此邪自癸未以來民氣未復辛卯王辰又值潦潦今歲春多苦雨秋來有恒寒之象黍稷方華不實者比比矣吳中婦女業紡績者什九吉貝反植多於穫禾頻歲木棉皆不登價倍於昔而布縷之值之賤蓋人情先食後衣歲儉苦飢衣難敝而倬於收爲其勢然耳小民生計之艱未在甚於今日也國家歲轉南漕四百萬石而江以南四郡一州居其半夫此四郡一州之地才五百餘里耳惟新平役賑成猶可撫往顧又遺此屢歎之餘國計民生有兩妨而無乘濟是問司收隸息屏營之時而余猶荷蘇機位於此其尚可以終日乎哉展君斯圖豈止掩卷三歎已耶

王之佐水災紀事十二首

小潛復大暑天漏不能止連飢怪紛叫即木手階矣出門
望原田活森白浪起　車水兩月餘婦子傷病疼兩山水
又來阡陌頓雜排厚斗激漲流日逐愁腸轉　護田頹高
岸岸亦與水平夜來逆奔潰老幼驚哭碎身有亦何惜難
與任瀾爭　補斜而剩肉不歸心力痺轉收只爲功慶游
難卒歲來日逐丙丁新晴顛同筵　任風挾床置擊屋猛
於石水勢日奔崩平地高五尺東吳百苦田一夕變拱深
　新苗又漂盡寄災古亦笭邑谷民父母奔親不敢稜望
望埀虹橋百里人跡階　連村水沒臘何地可託跡爽無
共人市哀鴻集千百羨彼樓居人餵仰得若宅　生者院
流亡死者雜亥眠破枕逐浪浮撈之心淵然蕭蕭自傍樹

倒水㵼泊船東阡與西陌艇撐必親到坎坍寔不生居民久沈竈北橋陳大府飛章高入告窮民分極次注冊列前後給賑預示期吟望到處叟匾匾二簍米尚可活數口籌目閣時粮閣鄉古所向閭里爺箇儉散之恩歌望青黃視不接風雪助悽愴春風照七寄綠野秀豆麥老愁徹寬懷橐笠聚所陷災後縱已過猶思繪圖稠

同光緒七月二日紀異

南風一夜先秋涼歡趣是日諦司方擕駕雨師挾風伯天地黯慘無晶光颱輳淌稀不復辨但聞市人號踹奔踵躏陸羅際曉忽異色非蓀非夜天胝黃熟爽擊鼓叩撤舞間水漈漆一尺強若芥若天一何怒蠶者民一何若下田久淹沒高田尚築塔齧隗飢衣與新苗穢兒補斯賦一月愁縈卵風濤半夜劇猛虎憂時隄決連江湖擾攪從前空力努出亦復苦愁人亦復苦悲溪西溪東側茅屋舍南途北傾危樓倒掠千百逐根流老樹不故啼鳩鵲安得涼風吹夢醒黃調一聽哀鴻嘶道旁再聽鬼哭聲啾啾

四年春仍饑各鎮舉鄉賑

孩蘆墟鄉賑局共撥錢八千九百八十千零賑大口一萬七千八百四十八口每口給放錢三百四十文除經費外有賑餘錢二千三百七十千零餘無致見數爾將鄉賑記與趙芝樹論賑餘充工書

七年冬十二月大雨雪

十一年水緩徵銀米十之三分

按是年以後民力凋敝加恩蠲減遂成年例

十三年水緩徵銀米三分三釐

十四年春饑再舉鄉賑

十五年大稔

十六年大稔米石錢二千文是年春正月大雷雹

十八年水緩征銀米十之三冬十二月除夕丁酉大雷雹

十九年春正月己亥大雨雪秋九月乙卯地震淫雨禾生耳

緩征銀米二分七釐

二十年水緩征如前年之數

二十一年春霪雨緩征銀米三分五釐冬十一月大雪殺牛

馬腹水田稻未穫飢鳥千萬攢食之

二十二年水緩征銀米一分七釐又以海警減免二分

二十三年秋七月螟食禾緩徵銀米什之三

二十六年六月乙丑夜地震自二十四年至此皆緩徵有差

二十九年大水祲三年癸未有加饑民死者無算

仲湘紀災詩

水利久不講恒雨輒損田我生五十載六度水毀年癸未災最甚今尤甚於前遍衢備數尺安問附與阡村民居低小入日水沒肩皮板樑拔息蹋地溼溝夫舉救甜陶微十災九不爛難拔及脉橋何處謀移遷往皇人市賣鹽值無幾錢不贖同饑死餓之命苟延時閒大米食野哭荒家頓

始時田米沒佃農爭築防戲錢柴川十什伯閙滿篷聚敢獵不遂公然爲竊擄來家脫戶歸西家傾給箭秀水新滕里因屯耕小康縣個翅之去將隊訓中央鳴錢召同井霞土番擄扰水底莨發修水面數舜狂頭爽隤家命際燗潢鉴藏家人號縣官縣官徒斷憚人心己陷溺圖法誠昭彰

自從五月望大雨岡一一何有出己不救劇探到處閭倡者寶游手嘯聚多竊民一室苟潰飽囊米洶打門倘或示雖迺挺刃交成群搶婦頭上釵脫兒腰下褌指囷任虎捲自給無靈殘更闖諸惡少終日伺要褳祭船運米過劫尊尤紛紛市月商販斷米舉希損屯只搭買一斗顆粒珠

同珍爾時足穀翁憂懼心如焚不見金山尉爲米戕其身
里正率鄉老入城紛報災報災官不信謂僕詔趨來侯
之日復日忽布條告催大書時甫後農時冊遲迴低區昏
癒沒水退逃補收嗚呼出中水已迫滅項危新秧價瀾死
不識當補雜敬謝賢父母尚望民有爲將常詭求食湊壯
雜老蘇官閒盛氣出前撫後後推舊舟至料剛而色如延
灰急許簽倉粟并勸捐賬隨此時款臨命官慈民早窮曾
令筋於紙始收宫舟還堂棠震弹分拼稽道路碑嫃年
雨暢若民困卒末樊讓然士毛絕危奕生命休江南楽鮮
落俗尚浩康浮宿者率袋珍貢肖多倚游饑變競方寸召
災貴有山平時衣末覺嫗戲相效尤際此饑催適欲敘無
一諍寸椽與片瓦拆賣不少蛋但思口鄰搗遣嶺身飄流
人變之東薪柖樽爭搜求拉雜摧燒餘墜擠來街頭
鄉村一蒿目白骨盈荒邱宜乎未雨時鬼泣聲啾啾

仲相荒政新樂府

放錢廠
男廠東女廠西扶老挈稚來栖栖開廠展閉廠午大口錢
十小口方設廠處稽後撤廠小雪前還日散放百數千苛
延萬人命未是官家錢官家之錢在天
上已綠餘生何敢望且望廠中幾日放

施粥擠
一斗米煮一擔粥一肩挑處行人逐此一盆彼一杓滾口
同時嗑贊作後來搶碗向空哭人多粥少蹐奈何家得粥
潛村村過連潮擠樂野朝場浮浮巨識開窮吉闊粥香粥

先收碗盆見
湯不見粒
請門米
爲極貧爲次貧官賑冊上無是人不耕不織奈此衣冠身
錢賑錢粥賑粥欲領無顔不領枵腹虛堂日晏兒女啼寒
閉戶窮尤慘僂人一口米一斗月饋之計雖久豈無對米
轉側然前段
救荒猶助指
老人糧
身衝雨雪頭戴霜手扶竹杖肩負薪心口自咏呼可憐懸
死不死遠荒幸分仁者粟殘喘尚容稍不然入溝中早
已登鬼錄君不見兩將飄蓬擠死多老人老人苦若何！
卹孕婦
一婦孕婦將娩婦謹一兒墮地聲呱呱隨中人亂方如麻不
忍聞不忍見不忍兒月令乳醫稽察徧將及月書姓名給衣米待
兒生兒生踰月仍到廠大小口錢給以兩有巧婦踴躍來
曉只股敗絮堆老
婦捫之淚怨咽
惡棄嬰
所生無男女不論人與禽今乃棄諸路豈由豈忍心父母
妻子尚難保何況區區此提抱今日一孩明日一孩前街
一孩後街一孩止有抛棄無領回局中人誠好義飢者食
寒者衣死到豐年置
何地待收歸名日棄

棉衣票
一紙票一領衣號寒鳥毛羽稀得票取衣生處淺一衣所
得錢無幾乞票紛如蟻擁擠隔時撤縕袍奚濟孤貉比彼
孤貉者徒羅身能施縕袍不數人同穿服雪暗晴昊明朝
叟失黃
將淹

稻草房
鴻雁哀無樓宿霜天冰地寒方結腸乏米炊飢猶甚一顆
特仿雞毛房既兒偶作周道旁日行乞夜歸睡稻柴鋪地
軟如說夢甦都稱柴米賓所嘆乎杜陵廣廈知己築突兀
見此屋　按雞毛房見蔣心
數間　餘詩京師新樂府

收餓殍
昨日收一殍今日收一殍中有一人吏與悴左手許錢右
手票足領官賑同來及到家變中道隔生無一繫綱死無
一宿揖將在衢路行人爲舁殘已斜四周沐波謝終腸保
然委溝壑從此不識飢
與寒生者何如死者樂

撈浮屍
五月六日水橫流野田壓亂棺沈浮有客冒雨舟坐舟發
工撈集堆如邱棺前和或刊字召兒孫久無至窮民日落
爭攫撓骸骨滿地攏茫茫何處尋樂土湖州故有叢
葬所魂魄一去不復還後盛澤義塚在
千鬼萬鬼嗚聚池鄉山　湖州小梅山之

按是年合縣折賑冊籍凡收新塍[illegible]連秀水之一[illegible]賑二十一圩其賑大口四千九十三口小口二千一百六十三口其捐賑錢二千四十千有奇

三十年春仍饑米石錢六千

咸豐三年春三月辛亥夜地震

四年夏霪雨十一月庚午河水驟漲一尺有餘頃大上

六年大旱蝗生緩徵銀米有差

七年夏蝗復生入水自斃

十年春賊下鄉田不耕米石錢十千

十一年冬十二月大雪平地至八尺

同治八年水不爲災

十一年旱

十二年又旱皆不爲災惟穀賤傷農云

光緒三年夏飛蝗入境不爲災冬大寒河冰十日不開

四年春霪雨傷菜麥

紀兵

咸豐十年庚申四月二十五日吳江縣城陷知縣田人熙以無兵不能守出赴上海奉巡撫薛煥委防淞滬是年十二月以巡哨遇賊溺水卒

粵賊洪秀全自道光三十年倡亂於廣西之金田僞號太平天國咸豐二年竄永安陷武昌三年春沿江直下破黃州九江安慶三月直抵金陵踞之蘇常戒嚴

欽差大臣江南提督向忠武公榮率兵紫金山逼賊下寨卒於大營以江南將軍和春統其師提督張忠武公國樑副之濬長濠圍賊五載十年二月賊由廣德泗安犯杭州三吳大

【乾隆】震澤縣志

（清）陳和志修　（清）倪師孟、沈彤纂

清光緒十九年（1893）吴郡徐元圃刻本

震澤縣志卷之二十七　災祥

震澤縣之災祥自分置以來不過數事而吳江舊志及他史書所載實指其在今震澤地者數亦同之其他則皆分縣前所同被者也衆以為不識則前事無徵故今循吳江舊志例與今事竝列而兼采他史書之稍切而大者補之其禎祥之附賞賚災荒之附蠲賑則自置縣後始焉

禎祥　賞賚

元至順五年芝產梅塘吳如璋家見吳江史志下九條同

至正十二年芝復產吳如璋家堂中

吳元年太湖澄碧三日

明宣德七年秋大有年

八年大有年按蘇州濟農倉記是年夏旱米貴發倉賑飢而史志云大有年蓋吳江至秋仍熟也

十年大有年

正統二年大有年

六年大有年

天順三年麥稔

六年麥稔

隆慶元年大有年米石銀三錢見吳江屈志下四條同

萬歷十二年有年米石銀三錢五分

十三年有年米石銀三錢二分

十四年大有年米石銀二錢五分

三十一年有年

大清康熙十年大有年

十九年湖浦朱正夫年一百有十歲卒

三十五年大有年米石銀七錢

四十年大有年米石銀八錢

五十一年大有年米石銀九錢

雍正五年大有年

乾隆元年計九十以上老民一十三名奉 恩詔賞賚每名米二石絹二匹綿二斤肉二十斤八十以上老民四百二十九名每名米一石絹一匹綿一斤肉十斤又生員監生十二名各給八品頂帶榮身九十以上老婦

四十名每名賞賚米二石絹二匹八十以上老婦八百四十六名每名米一石絹一匹七十以上老婦一千五百七十七名每名米五斗布一匹共給米二千一百六十九石五斗絹一千三百八十一匹綿四百五十五斤布一千五百七十七匹肉四千五百五十斤八品頂帶十二副

九年大有年

災變 蠲賑

宋元嘉七年十一月太湖溢穀貴民飢自此至明成化十四年多見吳江史志內莫徐葉三志所有者止數條

唐長慶二年連大雨太湖溢

四年夏大雨太湖決溢

太和六年二月太湖溢

開成三年太湖決水溢入城

天復二年三月連三日大雪盈丈雪氣如烟而味苦

天祐元年十月大雪平地丈餘

後唐天成元年大水水中生米大如豆民取食之

長興三年二月大雪二十八日

宋太平興國二年八月朔大風潮太湖水溢

大中祥符四年九月太湖汎溢壞廬舍

乾興元年二月雨大水壞民田六月湖田生聖米居民取以食宋史

天聖元年大水壞太湖外塘

慶歷八年大水田涂喪盡

熙甯七年大旱太湖水涸湖心見古墓街衢井竈無算螟蝻生八年連大旱民多殍死閭里無烟

元豐元年七月四日夜大風雨水高二丈餘漂沒塘岸洪滌橋梁沙土皆盡唯石僅存

四年春大水七月西風駕湖水浸沒民居濱湖者皆蕩

盡或舉家不知所在死者萬餘人翌日水退村人漸獲流屍爲棺者一日盡售無以繼之

元祐五年六月大風雨高低田皆巨浸無稼民多飢死本吳江屈志但五年屈誤作六年今據蘇文忠集正之

九年九月地震有聲

紹聖三年夏秋地屢震本屈志

元符二年六月大雨傷稼

大觀元年十月大水地震本宋史

政和五年八月大水田災

重和元年大水田災

建炎三年大旱無秋

四年二月大疫夏秋旱大饑死者甚衆

紹興元年大饑民多殍死

三年正月淫雨水大溢八月地震

四年夏淫雨壞蠶桑害稼民多流移參宋史

五年自春至秋不雨八月大雨湖水汎溢田廬淹沒者

十七八十月大風拔木民飢多死

六年地震有聲

十四年大水田圩渰沒

二十三大水

二十八年七月壬戌大風雨駕潮漂溺數百里壞田廬

隆興元年八月大風水溢漂沒田圩

二年七月大水浸城郭壞田廬軍壘操舟行市者累日人溺死甚衆越月積陰苦雨水患益甚

乾道元年米價騰貴大疫死於病飢者無算

三年八月大水蟲傷稼

六年五月大水漂民居渰田稼潰圩堤人多流移秋螟災

淳熙九年秋蝗食稻大饑

十二年八月有蟲聚于禾穗油灑之即墜一夕大風雨盡滌之

紹熙五年自春至秋不雨八月大雨水溢圮田廬甚衆

十月大風拔木民飢多死

慶元元年大疫

二年大水蟲災

三年春夏雨禾稼不能入土

五年夏秋久雨八月大水田廬漂沒復大疫死者甚眾

六年冬煖無氷雪桃李花蟄蟲不藏

開禧二年夏秋久旱蝗飛蔽天豆粟皆旣于蝗

十六年三月江湖合漲城市沉沒累月不洩

嘉定六年夏秋淫雨大水雨雹傷稼

七年夏秋大旱蝗官令飢民收捕計斗易粟

八年夏大旱草木枯井源竭

十六年五月太湖水大溢漂民廬舍害田稼圯城郭隄

防溺死者無算

紹定三年夏大雨四十餘日田禾蕩沒見府志

嘉熙四年大饑米價騰貴人相食日未晡路無行者

寶祐二年恒雨大水

開慶元年大水壞田稼

景定二年大水

咸淳三年大水田渰過半

德祐元年大水

元至元二十三年六月大水壞民田

二十四元史作五年六水饑

二十七年大水見吴江水考

二十八年大饑

二十九年六月大水饑

元貞元年九月大水

二年五月大水九月復大水

大德元（水考作二）年雨大水（水考不云大）

五年七月朔大雨颶風壞民居太湖水湧入城（本姑蘇志）

七年大饑

十年五月大水害稼七月大風太湖溢漂沒田廬無算

四部茫浦沉爲湖

十一年秋旱十月大水饑

至大元年水大饑

四年雨田半渰見水考下三條同

皇慶二年七月大風太湖溢

延祐三年雨田半渰

五年雨田渰過半六年七年如之

至治二年大水損民田

泰定三年水田渰過半

天歷元年八月大水沒民田

二年夏大水秋旱饑冬大雨雪太湖氷厚數尺人履氷上如平地

至順元年二月大水漂民廬七月復大水害稼民飢疫死者甚衆

二年八月大水害稼十月大風雨太湖水溢漂民居

三年九月大水

元統三（水考府志作二）年大水田渰過半大饑

後至元三年水田半渰四年至六年如之

至正二年大水湖翻漂没田廬

六年水田半渰（見水考下條同）

七年六水無秋

八年四月大水稼穡不成

十年雨大水田渰過半（參水考）

十一年大水

十三年大水

十五年正月二十三日酉時空中聞兵甲聲自東南來民皆驚走見黑雲中彷彿甲騎火光若燈燭皆無算至西北而沒居民屋瓦皆揭去屋內器物傾仆亦無算五月大水田禾盡渰

十六年大水

明洪武八年大旱

九年秋大水

十七年大水十八年二十年二十二年二十七年如之

三十一年水三十五年如之

永樂元年大旱蝗

二年五月大雨低田盡沒農民車水救田腹飢力竭仰

天而哭小兒女呼父母索食繞車而哭壯者相率借糠雜麥葍荇藻食之老幼八城行乞不得多投於河

三年六月朔至十日淫雨大水田禾盡沒房舍之中可捕魚是歲大饑參府志

七年大水

九年水田半渰十年至十四年如之其十二年十三年水尤大參水考

十六年大水

二十年大水二十一年如之

洪熙元年大水

宣德元年大雨水無秋參水考

五年大水

九年大旱田荒

按此年水考府志並云大水而明史五行志云旱省志亦云大旱與史志異

正統三年夏大水

五年春正月大雪二旬積丈餘夏大水漂沒田廬秋亢旱高原苗槁斗米千錢大疫餓殍載道見屈志

七年湖海漲平地水高數尺七月十七日大風潮圩岸俱坍參水考

八年八月二十日大風潮田禾悉漂沒

九年七月十七日大風潮拔木偃禾渰田摧屋

十一年五月大水六月地震

十二年大旱蝗饑

十四年大水無秋參水考

景泰元年大水

五年春大雪平地丈餘艸木鳥獸凍死無算夏大水田廬漂沒過半斗米百錢按明史洪武中制錢一文當銀一釐至成化末如之前云斗米千錢則當銀一兩因大貴此云斗米百錢則當銀一錢亦小貴蓋其時米價本甚賤故也餓殍相枕盜賊蠭起

六年旱大饑參明史

七年夏旱七十日秋大水農乘船而刈

天順元年大水無秋

成化元年春夏久雨大水無秋
九年大水參水考
十二年八月大水冬大雪大寒氷厚數尺河路累月不
通
十三年春水無麥蚜蚄生秋九月桃杏花盛開
十四年大水
十七年春夏不雨地坼川涸禾槁及根秋七月雨有颶
風八月連大雨太湖水溢平地深數丈蕩民廬舍九月
湖大風雨晝夜如注至冬無日不雨禾稼僅存者悉漂
沒明年大饑人相食斗米百錢田皆蕪穢
二十年水大饑斗米百錢本水考參史冊黃溪志

二十二年大水自此至嘉靖四十年多見水考內徐葉二志所有者亦數條

宏治四年大水平地如江湖人不得稼本松陵文徵　五年如之

七年大水冒城郭行舟入市田淤幾盡

十一年六月十一日河渠池沼及井泉悉震蕩高湧數尺良久乃定見府志

正德三年大旱河底生塵

四年夏大旱地震有聲七月連雨十七日田成巨浸無秋參屆志

五年春雨連注至夏四月湖水橫漲官塘市路瀰漫不辨浮屍蔽川凡船戶悉流淮揚通泰間是歲復大疫死

者居半

七年三月八日地震有聲見屈志

十三年六月大雨水渰田十之七

嘉靖元年七月二十五日大風竟日太湖水高丈餘濱湖三十里內人畜屋廬漂溺無算翌日覓流屍十無二三間有附木隨風抵岸得生者從遠望之但見滿湖皆火云

三年先旱蝗後多風雨大饑斗米百錢

十九年大旱蝗饑

二十三年大旱河底皆坼饑大疫民多殍死

二十四年大旱太湖水涸斗米百錢按明史嘉靖間以制錢與前代雜錢

相兼行上品者俱七文當銀一分餘錢高下爲三等下
者二十一文當銀一分後定嘉靖錢七文洪武諸錢十
文前代錢三十文當銀一分其民間所用小錢以六十
文當銀一分此所云斗米百錢者葢其七文當銀一分
之制
錢也人食草根木皮大疫路殍相枕
二十八年大水田多渰沒
三十七年雨水渰中下田
四十年自春徂夏淫雨不止兼以高淳壩決五堰之水
下注太湖襄陵溢海六郡全渰塘市無路塌圍行舟民
廬漂溺村鎮斷火腸臆食粥仆斃甚多幼男稚女拋棄
津梁寒士貞婦假貸不通往往自盡疫癘困仍道殣相
望較水者謂多於正德五年五寸
萬歷五年六月連雨寒如冬傷稼見明史

六年正月大雨雪冬嚴寒大川巨浸氷堅五尺舟楫不通自此至康熙二十二年多見舊志內葉志所有者十餘條
七年五月久雨大水一望無際禾苗淹盡
八年夏連三月雨田淹大饑
十年七月五日大風雨拔木覆舟十三日又大風雨太湖泛溢民居漂蕩十存二三溺死人畜無算與嘉靖元年七月同適當甲子一周
十五年夏淫雨七月二十一日大風雨一晝夜田圍崩裂水溢丈餘禾苗漂沒參府志
十七年六月大旱太湖涸米石一兩六錢
二十八年九月二十五日戌時地震自西北至東南廬

舍岌動有聲

三十二年十一月地震有聲見府志

三十六年春地震三月至五月淫雨水浮岸丈許參老圖問訣

吳江葉志曰是年大水高田皆渰没城中居民皆駕閣以處魚蝦鼃蚌滿室卧榻之下可俯而採

四十六年十月四日大雷雹雨

四十八年正月五日大雷雨二月連雨米石一兩四錢

泰昌元年十月二十日雷雨竟日二十一日四更大雷雹

天啟三年三月十三日地震生白毛十二月二十四日

戌時地大震

四年三月連雨五月又連雨田沒十八日大雨連五晝夜水大溢田與河無辨參府志

七年十月六日巽風大作太湖水湧丈餘簡村千家盡溺

崇禎二年四月二十九日子時地震閏四月十二日亥時地震十二月十四日巳時地震歲大祲見府志

六年二月七日雨雹六月二十五日寅時起烈風至午愈烈怪雨傾注水驟盈丈壞廬舍

七年三月十五日卯時地震有聲若雷從西南起至東北止四月七日酉時大雨雹

八年大水田半渰

九年大旱夏酷熱人多觸暑僵死

十一年六月大旱有蝗自西北來損禾稼米石二兩有奇

十三年大旱蝗大饑

十四年大旱府志云四月至八月不雨飛蝗蔽天米價石四兩流丐滿道多枕籍而死民間以糟糠腐渣爲珍味或屑榆樹皮食之

十五年春大饑疫民多自投於河哭聲震道

十七年春大疫民嘔血縷即死

大清順治三年正二月間鄉村人往往夜聞有獸聲如

吹角或云飛虎或云地牛竟不知何物見刻徵
四年大饑米石至四兩
八年正月二十五日夜子時地震夏大水大寒大饑米石四兩二錢
九年正月二十八日忽有虎浮太湖而來匿梅里蔣家園中居民見四野多虎跡大駭以聞於官總鎮耿某圍而搏之觀者如堵虎突出傷人一足矢如雨注健者以鎗刺其喉遂斃之是年大旱米石二兩七錢
十一年冬大寒太湖水厚二尺連二十日徑橋死者過半見老圃閒談下條同
十二年九月十二日酉時雷電大雨雹自北過雙楊而

南廣不過二里積六七寸大損禾稼

十五年八月二十三日未時地震九月大水

十六年正月龍見淫雨六十日大水害稼參府志是年十月四都南有虎傷人居民陳霞溪兄弟以箭砲殺之於徐家竹園

十八年大旱米石一兩七錢

康熙五年十二月一日地震八日地又震參府志

六年十二月二十七日雷虹見

七年正月二十二日雷電大雨六月十七日戊時地震有聲生白毛二十二日夜地又震十二月十二日地又震

九年五月連雨六月三日微雪十二日子時西北風大作湖水高湧至丈許城中街道水深三四尺行船自阜城門入漂壞墳墓屠棺以萬計蔽湖塞川其戚屬皆不能辨有互相錯誤者水半日始漸平七月五日申時地震有聲是秋大無禾

吳江錢志曰康熙庚戌六月十二日大水猝至間以狂飈村居漂沒人皆露處繞郭諸所罹禍尤烈先一夕有漁舟宿太湖濱夜半見水神列坐烟波間絳服雕冠如廷議國事者久之而散忽於湖中起一長堤如虹橫截水面風大作明旦遂有此異

十一年八月一日夜紅光滿天如火沙飛蝗自北來徧

野數日而滅生細蟲有足善跳有翼能飛蝕苗根按此即詩所謂蟊也而老圃間談云食苗節間脂膏則又爲賊矣苗俱萎死二十一日夜地震是歲秋收不及十之一二

十三年春夏連雨大水中下田俱未蒔十月龍見

十五年六月大水十一月二十八日卯時地震有聲

十九年七月連雨數十日此見葉志屈志云五六月大雨八月復大雨水大至邑田全淹秋收不能十二

二十一年大水平岸十月廿九日龍見

二十二年春久雨麥萎無收麥石銀一兩八錢米石八錢

二十六年大水自此至五十五年皆見錢志

三十二年大旱港涸如平地

三十四年大水一望如平湖

三十五年七月二十三日狂風驟發雨如懸瀑平地湧水數尺夜半反風而南勢益猛篝燈密室無不盡滅屋瓦交飛頹垣覆屋者十家而九所至喬木倒折城隍廟古榆四大皆合抱連根盡拔獨未嘗傷禾

四十一年大水

四十三年大水

四十六年大旱港底俱涸是年十月初四日湖蕩池沼之水無故自相衝激波浪洶湧忽高三四尺踰時復故

四十七年五月大雨十六日水浮於岸七月十二日大

風潮明年米石銀二兩四錢

四十九年五六月連雨一十八日水浮於岸

五十一年八月三日至五日連雨水浮於岸十五日大風潮

五十三年大旱

五十四年四五月連雨二十六日六月二十八日大風潮水平岸七月一日又大風潮

五十五年四月連雨十一日五月水浮於岸初九日大風潮禾稭俱沒并力救之水漸退乃可蒔

六十一年冬木冰

雍正二年七月大風潮以海潮故太湖汎溢

以上皆在置縣前

四年八月連大雨至九月水高四五尺城市行舟十月又連雨冬至後加以冰雪無五六日霽者低田積潦不能刈禾濱湖田尤被其害豆麥無種是年蠲折色銀四千三百一十二兩二錢八分五釐二毫本色米七百三十七石四斗三升九合一勺各有奇明年賑飢民貧生凡三月建二月初一日煮粥起閏三月三十日止內除小一日粥廠一設城外三天門一設梅堰市飢民每大口日給米二合小口日給米一合貧生八十二名每名總給米一斗七升八合共給米二千八百二十四石一升一合按是年憲撥派賑本縣者一存長洲縣備賑米一千三百四十五石一陞任藩司鄂爾泰勸司帑買米一千石一爾泰捐穀折米四百七十九石一升一合共成前數

八年五月大水十一月二十八日戌時地震自北而南本邵煥平望志

十年七月十五日大風潮覆舟摧屋

乾隆三年六月旱蝗九月初三日風雨暴至城西南方若龍行空中震雷不絕火星無算震澤鎮一路大雨雹傷田禾知縣劉士覲履勘計八千九百七十三畝詳題准蠲本年折色銀一百二十七兩八錢四分四釐本色米二百五石一斗三升四合三勺各有奇

四年三月以上年旱蝗特蠲中小戶地丁漕項正銀二萬一千七百七十六兩三錢八分二釐五毫耗銀一千八十八兩八錢一分九釐一毫有奇凡額徵銀在五錢以下之戶全免一

兩以上五兩以下之斤每斤蠲銀四錢一分一釐有奇餘不免

霞浦縣志卷之二十七終

費善慶纂

垂虹識小録

抄本

災異禎祥

宋祥符元年九月蘇州吳江汎溢壞廬宋史五行志　五兩浙轉運使章祐一作峼賑卹吳江海鹽華亭等處并請蠲田租人不失所松江府志

紹聖元年秋海風害民田　二年夏秋地震

元符二年冬水

大觀五年八月水

紹興十三年三月望大雪盈尺　二十九年大饑

元至大元年水大饑賑之蠲夏稅　四年大水無秋賑之免漕粮

四之一

明洪武元年閏七月免吴江被灾田租太祖本紀　六年饑　八年大旱免租十二月水賑

永樂五年大有年　十三年旱

宣德七年秋大有年　十年秋大有年

正統二年秋大有年　四年七月大風拔木殺稼八月水溺死男婦甚衆　六年秋大有年

宏治七年大水金尹洪勘灾向民泣曰民傷已盡可重傷乎以全灾上聞得允至今談者德之水攷　八年夏五月免秋糧又免夏税十之三十月再賑之

萬曆三年九月水　十二年秋有年　十四年秋大有年　十九年夏大水溺人数萬秋七月海溢　二十九年夏淫雨傷麥　三十一年秋有年　三十六年大水無秋莊元臣有洚行苦雨詩上巡撫救荒議

崇禎十四年大旱詔漕米改兑麥折三分莊世芳有憂蝗賦　十七年夏大旱

大清順治四年大饑米石銀四兩　十年六月大風雨海溢平地水丈餘

康熙元年歲大稔　二年夏旱秋淫雨下田多渰　三年秋海溢

四年秋如之　十二年豫蠲十三年地丁正項銀兩之半　十六年正月朔雷　十七年四月地震水大　十八年正月朔震雹夏旱自五月至八月飛蝗傷稼　二十六年大水秋螟食禾十一月詔豫蠲二十七年應征錢糧本年未完者亦悉豁免　三十六年正月朔雷秋大水　三十七年七月大風拔木平地水丈餘　四十年大稔米石銀八錢

雍正元年夏旱六月十八夜星隕蠲銀米有差　十年七月大風雨海溢平地水丈餘歲祲蔣士謂有救饑民議　十二年四月大雨雹損麥苗

乾隆十九年六月大雨水　二十七年七月大風雨積經月下田盡渰　二十九年正月丁巳地震五月己卯地又震　三十年正月甲寅地震　五十四年大水　五十五年十二月壬戌大雷電

嘉慶二年黎里染字圩耆民錢悦文壽一百歲　十年春里中殷户平羅張以智有紀災詩　十五年四月初二日大雷電雨雹

道光十六年秋南至杭州北至鎮江人家墻壁上一夜之間都書快行好事四字大如斗不知所由　二十七年十月地震

咸豐五年十月辛丑地震　七年夏鮮血墜地皆在屋内或數點或一片色微殷粘膩而腥七月蝗　九年五月大雨傷禾田中出

垂虹識小錄　卷一　

虫名曰稻蠭

（清）裴大中、倪咸生修　（清）秦緗業等纂

【光緒】無錫金匱縣志

清光緒七年（1881）刻本

祥異

水旱必書所以示儆至禨祥之說本五行志有驗有不驗稗史所錄博物君子亦往往道之今綜核舊志徵諸近事祗云記實匪侈異聞志祥異第三十七

晉

永嘉六年五月無錫歘生茱萸四株交枝若連理先是郡鼠出延陵辛祜令郭璞筮之遇臨之益曰此郡東明年當有妖樹生若瑞而非瑞辛螫之木也如其果然東西數百里有作逆者其後吳興徐馥作亂殺太守袁琇亦草妖也

義熙七年邑人趙未年八歲身長八尺鬚髯蔚然三日而死

劉宋

元嘉二十一年木連理生晉陵無錫南徐州刺史南譙王義宣以聞

二十四年七月壬子晉陵無錫穀樑樹連理南徐州刺史廣陵王誕以聞以上二條考乘據宋書補

宋

熙寧六年旱

紹寧元年大疫

按宋無此年號考熙寧淳熙間有紹聖崇寧紹興紹聖止四年而此下有五年事蓋非崇寧即紹興耳

五年六月大雷電蘇村一民家所用斗稱懸挂於門外大樹之杪

淳熙　年水澇

嘉泰二年蝗自丹陽入武進若煙霧蔽天其集亘十餘里常之三縣捕八千餘石

嘉定七年蝗遍於野

元

元貞元年五月水

天曆二年旱氣如焚疫癘大作

至順元年秋大霖雨民多饑死

二年春大札

明

洪武二十年旱河竭六月丁未戊申大雨水漲溢傷稼

二十五年旱穀價騰貴

二十九年大旱水竭禾槁死

建文三年地震飛蝗蔽空

永樂三年大水米騰貴

宣德六年六月訛言有物食人自淮以南遍本境抵蘇松人心惴惴未昏鍵戶明火擊器終夕震驚踰月漸息

九年夏旱民饑摘草葉屑榆皮雜豆餅食之

正統八年夏旱秋大水

九年七月癸亥大風拔木水驟溢

十二年旱

景泰四年十二月大雪樹介冰厚尺餘

五年正月八日夜大雪及丈冰柱長五六尺積陰迷月菜

麥皆死六月大水傷稼民爲饑

六年夏秋大旱民饑疫死者三萬餘人

七年秋蝗

成化四年六月旱水涸運道幾絕

六年三月壬午黃霧染人鬚眉

八年七月壬子大風雨如正統九年

十五年五月乙丑地震生白毛細如髮長尺餘九月丙子

又震生白毛

十七年春夏旱七月丙戌大風雨膠山水驟漲淹上福等

鄉壞民廬舍八月乙未風雨又作惠山安陽山水漲尤

甚人多死者歲大祲

十九年正月朔大雪越七日林樹冰結成花有氣如霧而

累陰晦積日

二十年夏有物色正黑乘夜透窗隙攫人始自武進至六

月壬子延及無錫民間徹夜然炬持梃擊金鼓自衛洪

日乃已

宏治元年五月辛巳疾風暴雨竟日

四年四月泰伯鄉民家生豕一頭二身三耳八蹏

七年七月己丑大風雨如元年

十四年十月十七日寅時地震

十八年九月十三日丑時地震

正德元年三月十二日北風大雷電驟雨冰雹平地二尺

餘十二月晦龍見有虹貫日

三年秋大旱

五年七月大水傷稼

七年七月十九日大風雨竟夕傷稼

十一年 月白水湧蛟起壞民廬

十五年九月大水

嘉靖元年春錫山產芝夏秋旱七月二十五日大風雨拔
木平地水深數尺

二年大旱秋大水

三年十月七日有黑白二龍鬭於太湖之濱湖水皆赤白
龍敗

四年蝗

八年夏飛蝗蔽天秋大雨田禾皆沒
十年十月朔虎入熙春門
十五年大旱農家掘井以灌禾
二十一年夏有虹起第六箭河其光燭天
二十二年潮水至第六箭河甲子復至越五月己巳又大至
二十三年自六月至九月不雨民饑疫死
二十四年大旱
二十六年九月閏月十月不雨十一月乃雨
三十一年大有年

三十二年天雨赤荳地生白毛
三十四年夏六月大水淹圩田
三十五年正月五里湖嘯中無勺水有二大魚死於湖濱
三十六年五月訛言有妖過江至無錫民間驚惶自衞如
　宣德成化時
四十年大水深及丈彌望成川舟行入民居七月地震
四十三年湖水至第六箭河
四十四年六月二十四日夜大風拔木
隆慶元年八月初二日大風發屋拔木六晝夜
二年元日大風太湖水涸

三年湖水至第六箭河

六年壬申宅仁鄉陳幼學田內麥穗四岐考乘據陳筠塘事實補

萬歷元年十月十二日大雷電

二年春湖水入西水關至學宮之前

十五年七月二十一日大風湖水驟漲民多溺死

十六年大水

十七年大旱河流絕死者甚眾

三十六年大旱

三十七年大水

四十二年三月二十六日民間訛言倭至頃刻爭入城有

相蹂躪死者時邑人張汝陛手挈踣者活十數人載送其家

四十四年正月大雪雪有黄紅黑色屋瓦皆有巨人跡

天啓三年冬地震十二月二十二日申酉間地中有聲如雷自北而南屋舍皆動

四年夏大水湖流泛溢舟行阡陌間

七年秋大風拔木蟲食禾歳大饑

崇禎元年秋八月有蟲嚙禾盡槁民多餓死計六奇北畧載崇禎二年無錫災荒畧言自天啓四年至七年二年大水一年赤旱一年蝗蝻舊年八月以來突有異蟲叢生潛嚙禾之根節以入禾心餓之必斃民臨田大哭有自溺及自經者或磨新作餅食噎而死或炊樹皮石粉杭藉以死死時武進宜興災狀畧同知府曾櫻會入覲災於戶部請改折以甦民困當事者持不可

五年元旦雪深四五尺六月二十五日大風雨傾屋拔木

冬十二月霰着樹成花作纓絡刀劍之形

六年六月二十五日大風雨拔木毀屋九月十八日風復

作如前

九年四月八日雨雹傷麥

十年四月二十二日雹大如拳甘露祝塘等鄉麥盡死秋

旱蝗時南里人張元斗宿甫有掩捕之功

十一年蝗大至七月二十五日大風雨雹

十二年七月飛蝗蔽天歲大饑

十三年秋大旱天雨荳七月蝗傷禾

十四年春夏大水秋大旱而蝗米石三兩民多饑死

十五年大疫死者相籍

十六年自京口至江陰無錫民曉起或見黑圈記其門或見釜底畫梅花一夜殆徧考乘據綏寇紀畧補

國朝

順治七年夏大水淹官塘歲饑

九年大水六月江潮至城河

十一年大寒河冰盡合

十三年大旱

十五年八月五日未時地震

康熙四年冬大寒太湖冰官河絶舟楫者匝月

七年六月十六日戌時地震生白毛

九年春夏大水舟行田間歲饑虹橋民家一產二男一女

十年旱禾槁死

十一年有蝗不爲災秋蟲食禾

十三年夏大水傷稼

十五年夏大水傷稼

十八年大旱官塘水盡竭歲饑

十九年大水浸及惠山之麓田盡淹民廬多壞舟行數百里不循故道一帆可達民爲饑自是年及二十年旱澇

之後疫癘大作民間盡室閉門相枕而死村落為空

二十七年大有年

二十八年旱

二十九年三月之末民間訛言有妖火或變為人形及猢猻傷人所在秉炬鳴金持梃而譁其言亦來自武進數夕乃止

三十二年大旱九月澇

三十四年夏積雨傷麥食者皆嘔洩秋旱

三十五年春夏旱七月大風雨壞民居

三十七年旱疫

三十八年疫

三十九年旱十一月桃李華麥有秀者

四十三年旱歲饑

雍正元年旱

二年旱

三年旱

九年秋七月大風雨傷稼

十三年夏六月大風雨霰雹梁溪蓉湖間舟覆溺死數十人

乾隆二年七月興寧鄉孫里有七龍見居民數百家屋盡

壞多傷死者

三年夏旱

五年夏雨雹傷麥

六年夏地震

十二年秋蟲傷禾

十三年饑米石三兩秋稔

十四年秋疫

十六年二月十八日戌時地震自春及夏霪雨傷麥

十七年四月初四日寅時地震越十餘日地生白毛

二十年八月蟲傷禾盡槁歲大饑民食草根樹皮殆盡

二十一年春大疫

二十四年秋蟲傷禾

三十四年七月膠山鄉過氏家中地出血

四十六年六月十九日大風二十一日方止木盡拔

四十七年夏江潮至城河

五十年大旱河水盡涸歲大饑

五十一年自春至夏無雷六月十六日始聞雷是年大疫

嘉慶元年正月九日大風拔木雪深五尺許

九年大水

十九年大旱

道光元年大疫

三年大水浸及惠山之麓

十一年秋禾被水

十三年自秋至冬積潦傷禾稼

十四年正月大雪深數尺

二十年六月大雨潰圩田

二十九年大水

咸豐三年二月二十七日訛傳粵匪至爭擁出城南吊橋下踏斃二十餘人三月地震八月又震

六年大旱蝗

九年竹開白花半枯死

十年三月大雪

同治三年春西北鄉人相食

四年有獸類狗俗稱竹狗夜入村落噬人年餘始息

六年六月江湖至城河

光緒二年七月謠傳有物壓人夜輒鳴鑼相警徧城鄉又有無故失其辮髮者既而獲妖人數輩繫諸獄害乃息

三年五月大風拔木蝗入境不爲災秋蟲傷禾十二月大雪深數尺

四年五月地震

無錫金匱縣志卷三十一終

【正德】江陰縣志

（明）黄傅纂修

影抄明正德十五年（1520）刻本

變異

天異

晉武帝太康七年十二月己亥毘陵雷電南沙司鹽都尉戴亮以聞見晉書五行志南沙鹽署在暨陽康帝建元元年七月晉陵災風同上言風則必諸縣同被帝弈太和六年六月晉陵大水稻稼蕩沒黎庶饑饉同上暨陽晉陵下溼水之所必趨也宋文帝元嘉七年十二月晉陵義興大水見郡志兼據文獻通考按宋書無之唐高宗永徽元年六月常州大雨水有溺死者見唐書憲宗元和十一年六月常州水害稼南唐昇元二年六月常州大雨漲溢見郡志宋太宗太平興國七年常州水害稼治平五年水徽宗政和五年八月常州水高宗紹興五年八月常州江陰水孝宗隆興二年七月常州大水壞圩廬舟行壘市累日人溺死甚衆越月積陰苦雨水患益甚

乾道元年六月常州水壞圩田　光宗紹熙五年常
陰大旱民饑食草木　理宗慶元元年春常州饑民　從
者衆詔免本州及江陰軍夏賦且賑之粟　六年常州大
旱水竭民饑仰哺者六十萬人江陰軍亦乏食　寧宗開
禧十六年五月常州大水　嘉定十一年常州江陰旱蔬
麥皆枯已上雜見宋史及郡志　元世祖至元二十七年五月江陰州
大水見元史五行志大德四年秋七月颶風水暴溢江陰尤甚民
胥漂溺見梧溪集文宗至順元年閏七月常州路水浸民田元史
順帝至正十五年十月六日近地起白虹是日未午江陰
州城陷見梧溪集
國朝洪武二十年常州旱　二十五年常州旱　二十九
年夏常州大旱水竭禾槁死　永樂三年常州大水　宣

德九年常州旱民饑官賑之粟　正統三年旱（江陰免糧四百六十七石）五年旱（江陰免糧一萬一百四十九石）八年常州夏旱秋大水巡撫侍郎周公忱以聞　詔免田租十萬五千餘石（江陰免租一萬六千九百六十九石）十二年江陰旱　景泰四年十二月常州大雪木冰　五年正月常州大雪平地深三尺五月常州大水傷稼民荐饑　詔有司勸分以眼贍之（江陰免租六千八百石有奇）　六年夏常州旱蝗監察御史楊貢奏免夏租十五萬三千餘石秋租二十三萬六千餘石（江陰免租四萬七千四百五十六石）七年常州旱荒免田租二十七萬六千餘石（江陰免租五萬一千一百八十石）　天順四年常州水免田租十六萬七千餘石（江陰免租一萬三千三百三十五石有奇）七年常州水免田租有差（江陰免租三千三百石有奇）　成化元年水（江陰免麥未五萬二千六百七十石有奇）二年水（江陰免麥一萬二千五百二十七石）四年六月常

州旱水涸運河幾絕流命廷臣按視免田租之被災者江陰免租七千三百石七年水旱江陰免麥五千八十二石糧三萬七千八百六十三石八年水江陰免米二萬三千五百六十三石九年水江陰免米一千九百七十一石十三年水江陰免麥一萬六千七百二十七石十七年常州春夏亢旱秋大水平地泛溢渰浸田疇壞民廬舍人多溺死是歲大侵民用荐饑明年春官爲賑濟江陰免租四千六百五十三石十八年江陰免麥八千三百四十二石二十一年旱江陰免糧三萬二百五十石二十三年旱江陰免糧二萬八千八百五十三石

地異

晉元帝大興元年晉陵池震舉郡則諸縣同震可知矣**陳**宣帝太建四年江水赤如血禎明中江水赤自方州東

至海唐武氏延載元年四月壬戌常州地震 大足元年

七月乙亥常州地震及已上俱見郡志文獻通考

國朝弘治三年山崩泉湧由里定綺諸山一特迸裂水泉湧出多後山顛貫注平野漂流木石所過俱成莽經是年江南州縣皆然金衢嚴尤甚董董小山輙崩數十處遙望黃白縱橫青蒼剝落如被斲鑿連岡疊嶂殆無完膚一時震異云

人異

晉永昌中暨陽人任谷因耕息於樹下忽有一人著羽衣就搖之既而不知所在谷遂有娠積月將產羽衣人復來以刀穿其陰下出一蛇子便去谷遂成宦者後詣闕上書自云有道術帝詔谷于宮中郭璞上疏切諫不聽其後帝崩谷因亾走世晉書郭璞傳璞疏畧曰臣聞為國以禮正不聞以奇邪所聽惟人故神降之周禮奇服恠人不入宮況谷妖詭恠人之甚者而登講肆之堂密邇殿省之側塵黷日月褻亂天德臣竊不取也陛下苟以谷信為神靈所憑者則應敬而遠之若以谷為妖蠱詐妄者則當投畀裔土若以谷或是神祇告譴為國作眚者則當克己修禮以弭其妖不宜令谷安然自容

肆其邪變也臣愚以爲陰陽陶烝變化萬端亦是狐狸魍魎憑假作慝願陛下採臣愚懷特遣谷出云云今按谷事有無不可知然郭璞之跡則誠妖蠱之藥石也三說指陳明切悉備其謂陰陽陶烝變化萬端狐狸魍魎憑假作慝數語尤爲理到之言識此則有無無有舉不與吾事矣雖然今以事理度之竊意谷有蛇疾羽士爲之抉去之創遺而亡其喙遂詭以自神乎古之人有之矣華佗之所治多是其物也○據左傳則所聽惟人之人恐當作神

成帝咸康五年四月下邳民王和僑居暨陽息女可名可也女年二十自云上天來還得徵瑞印綬當母天下晉陵太守以爲妖收付獄至十一月有人持柘杖絳衣詣上東門口列爲聖人使求見天子門候受辭辭稱姓吕名賜其言王和女可右足下有七星星皆有毛長七寸天令可命爲天下母奏聞即伏誅并下晉陵誅可出晉書五行志名賜本書作錫

物異

晉安帝隆安初輔國將軍孫無終家于暨陽地中聞犬子聲尋而地坼有二犬子皆白色一雄一雌取而

養之皆死後無終爲桓玄誅滅㮛尸子曰地中有犬名曰
地狼夏鼎志曰掘地得犬名曰賈此蓋自然之物不應出
而出爲犬殑也後廢帝元徽中曁陽縣女人於黄山穴
中得二卵如斗大剖視有人形（已上俱見晉書五行志）【南朝】南徐記
魚子英於芙蓉湖捕魚得赤鯉持歸以穀養一年化爲龍
【唐】徐拱中縣東南二十里有黄龍盤於山上三日始没今
名盤龍山（今考定縣東十五里）徽宗政和五年主簿俞光祖於官
倉獲一烏雛全體潔素而喙目脛掌俱紅蔣公静奉祠里
居撰政和聖德致瑞烏賦進之（已上俱見朱志○吾於是不直蔣公彖斯時也何時
也徽宗昏荒溪後無復人道孌幸充朝羣閹嬙雩賢人故
老禁錮排擯無所容足童貫間邊挑怒强胡西比騷然朱
動父子以花石綱荼毒天下而東南蒙禍尢烈公所曰擊
也國勢凛凛僅同累棊去滅亾不能一綫政使有風凰巢
於阿閣麒麟遊於郊藪祇足爲凶妖君觶也里居親覩良
生無聊誠有愛君憂國之心正當述録所見抗事論列山

歸冒諸公罷政居路故事萬一或悟主心少瘳民瘼也顧乃見一烏雛毛色稍異遂謂聖德所致而進賦以媚之無乃林下岑寂有所慕豔朶頤而垂涎乎由此觀之則其奉祠而歸要有所不得已非本心也　眞宗天禧二年二月江陰軍蝻蟲生　孝宗乾道六年秋浙西江東螟蟲為害　寧宗開禧三年夏秋大蝗群飛蔽天浙西郡縣首種不入或種豆粟皆旣于蝗　嘉定八年四月北境飛蝗越淮而南江淮郡縣蝗食禾苗山林草木皆盡已上俱見宋史

元順帝至正辛卯春永寧鄉陸氏家一豬產十四雛內一雛豬身而頭面手足俱如人見輟耕錄

國朝弘治三年九月有大魚橫死于江濱長十餘丈首沉不可見腹仰而無鱗衆臠割之純膏而重腥不可食烹取其油以照夜未幾復為潮流盪去

（清）蔡澍纂修

【乾隆】江陰縣志

清乾隆九年（1744）刻本

災異

古云人道邇而天道遠然以中原板蕩滄海橫流即一邑之虔劉天應垂象以示之而鬼神其預告者也褒冥往刼惻愴遺民而曷爲降此鞠凶則禍福之來履霜堅冰有漸矣審幾者其鑒諸

崇禎甲申年春正月朔大雨霧風從乾起占曰主暴兵破城司天奏帝座下移 文昌拆 璿光拆芒角黑青 鳳陽地震 南京孝陵夜哭 沅州銅仁連界掘一古碑上有二行字云東也流西也流流到大

南有盡頭張也敗李也敗敗出一箇好世界　太倉紳
士張采家李生黃瓜　二月熒惑怒角　塡失光道
河鼓坼　星隕如雨　三月營頭晝隕聲如雷　五月
軒轅星絶續不常大小失次　天狗下尾　長白竟天
六月日月無光赤如血　人仰視北斗不見　大星出
西方芒燄搖漾不定　冬十月前星下移四五度　狼
怒躍　十一月滎澤縣東十里平地忽現一城雉堞井
幹皆具久之始沒
乙酉年亢宿坼　天津坼　天弧引滿　策罰王良前驅
房動徙枉矢東流衝大陰　月入井暈　狼怒躍
江南自京口起至江陰止民家曉起或以黑圈記其門
或於釜底書梅一枝一夜殆遍　江陰有俞姓少年貿
販於湖廣夢江邑城隍神促之歸曰汝在六萬七千三
百七十四人數內當速回家何久留此少年寤而驚束
裝旋里數日值攖城之變果及於難
同菴崇徵年間舉人甲申乙酉時維揚人士多渡江避
難者兵備道張調鼎方駐江陰元長之舅師也遂挈家
來江依張一日元長恍惚夢見天門揭榜顏曰免難見
已名與於明起及某某俱在上元長寤以告明起并其
子彭年俱出城得免於難兵燹後相聚於毘陵慶更生

焉八月二十日邑人見城中四隅空曠處皆有白鷺數萬飛掠追視之則毫無形影遠望之復現咸怪之至二十一日城陷邑中遇難或曰魂升而魄降白鷺者即劫數中人之魂也

論曰古今廢興存亡之故豈非天哉順天者受上賞逆天者蒙顯戮吉凶之理蓋彰彰矣而君臣父子兄弟夫婦朋友之大倫人道相維於不敝者不以廢興存亡而有異也有明運丁末季祲氛四起國力匱屈宇内成土崩瓦解之勢而大命遂傾我

國家積功累仁上協

天心惓中原之喪亂整飭

六師爲民除大殘致更生兵下南邦連城風靡莫不稽首恐

後者識天命也而三吳屬邑猶紛然屯聚遷延後服者何與夫區區暨陽介居江表常屬武無兩邑巳効命而前驅則江邑之兵進無以號召四方退無以固植根本釜魚檻鹿守此其何濟哉嗟乎原釁之初生主簿莫士英私赴軍門獻欵於降將劉光斗遂檄方亨至縣諸生許用輩念前明累朝養士之恩呼天搶地而邑中響應若火燎於原不可向邇然幾之甫萌猶未成也郡守宗灝若能單車詣壘諭天與人歸之理再三諭之此時猶可解散也乃計不出此外而請兵內而伏諜思欲盡江民斬艾而禽獮之誰無樂生畏死之心欲其不憑陵旅拒而引頸就戮者豈情也

哉遂攖城勢成而員佐實來甫入境即布衛員敢諭降未遂馳突蹂躪之也邑人仍掩耳弗聽於是環而攻之以外兵之衆十倍於內而得延至三月之久者是專閫不欲窮極其兵力以待邑民之自悟耳逮招降不已而遣耆民四人往議及此而惛然悔艾轉危爲安而萬七千餘人之首領可全矣乃朱暉吉王晴吾等既匿情恒快而閻陳輩又制於羣議竟殺四人堅守以覆全城之命嗚呼事機之間不容髮轉瞬而存亡異焉其人謀之未協與抑亦天數之無可逃者也獨念邑人以君臣大倫至父子兄弟夫婦朋友甘心死於鋒及水火者六萬餘人爲世所絕無而僅有

聖朝寬大鳩集於喪亡灰燼之餘而邑以復完百餘年來撫育涵濡樂生遂長幾不知干戈爲何物矣然而學士大夫以天命不可違彝常不容廢死難諸人迹類殷頑心惟忠烈斯輿情所亟欲表彰者也近奉

詔修明史貫厥前徽錄名記蹟咸與褒揚此真

聖人光明之至德澤浹九原然則邑乘職應採輯復何嫌何疑而不以補前志所未備哉可惜者尋閱滄桑見聞互異信以傳信訛以沿訛今叅稽證訂致其叅慎握管者丕風雲淒其泉石幽咽陽樊闔翕蕩之呼海濆遇畊樵之客傷心哉誰其始難而禍至此極與視余邑人敬長上奉法令

愿而文柔於郡縣中號稱易治無昔者憑陵之習則其得

於

國家仁義之漸摩者渙也後之官斯土者統率上下敬承

天庥從容禮讓之域毋徒以勁勇相矜自逞多福庶無悖乎

降災降祥之理也哉

江陰縣志卷二十四

知縣長樂蔡澍雨亭重修

禨祥

保章氏以星土察九州之妖祥所謂善言天者必有驗於人也易曰天垂象聖人則之後天奉時義亦有取焉然洪範論五行庶徵協應原於五事則陰陽錯行天地大絯豈非人事哉郅隆之朝不言祥瑞而春秋所紀水而弔火而哭雨雪氷雹經不絕書非志異也謹天災恤民隱君子謂其有懼心焉一邑雖小而先事而調燮當事而修省旣事而補救令長實有任之昔有反風避蝗

而弭一邑之灾者獨奈何督然安之而猶曰占驗如是耶志禨祥

晋武帝太康七年十二月巳亥毘陵雷電南沙司鹽都尉戴亮以聞南沙鹽署在古暨陽縣

元帝大興元年晋陵地震按晋元帝大興元年晋陵徙治京口於邑無與舊志誤採今摘正

帝奕太和六年六月晋陵大水稻稼蕩没按晋安帝義熙元年始徙晋陵還治舊郡帝奕時尚治京口舊志亦誤採應正

安帝隆安初輔國將軍孫無終家暨陽地中聞犬聲尋而地拆有二犬子皆白色一雄一雌取而養之皆死後無

終爲桓元誅滅按尸子曰地中有犬名曰地狼夏鼎志曰掘地得犬名曰賈此蓋自然之物不應出而出爲犬魅也

後廢帝元徽中曁陽縣女於黃山穴中得二卵如斗大剖視有人形

南朝魚子英於芙蓉湖捕魚得赤鯉持歸以穀養一年化爲龍

南宋文帝元嘉七年十二月晉陵義興大水

陳大建四年江水赤如血

禎明中江水赤自方州東至海

唐永徽元年六月常州大雨水有溺死者
武氏延載元年四月壬戌常州地震
大歷元年七月乙亥常州地震
元和十一年六月常州水害稼
南唐昇元二年六月常州大雨漲溢
宋太平興國七年常州水害稼
天禧二年二月江陰軍蝻蟲生
治平五年水
政和五年八月常州水
紹興五年八月常州江陰水

隆興二年七月常州大水壞田廬舟行壓市累日人溺死
甚衆越月積陰苦雨水患益甚
乾道元年六月常州水壞圩田
六年秋浙西江東螟蝗爲害
紹熙五年常州江陰大旱饑食草木
慶元元年春常州饑民死徙者衆詔免本州及江陰軍是
賦且賑之粟
六年常州大旱水竭民饑仰哺者六十萬人江陰軍亦
之食
開禧三年浙西郡縣夏秋時飛蝗蔽天

十六年五月常州大水

嘉定十一年常州江陰旱蔬麥皆枯

元至元二十七年五月江陰州大水

大德四年秋七月颶風水暴溢江陰尤甚民胥漂溺

至順年間閏七月常州路水没民田

至正十五年十月六日近地起白虹是日午江陰州城陷

明洪武二十年常州旱

二十五年常州旱

二十九年夏常州大旱水塌禾槁死

永樂三年常州大水

宣德九年常州旱民饑官賑之粟

正統三年江陰免粮四百六十七石

五年旱江陰免粮一萬百四十九石

八年常州夏旱秋大水巡撫侍郎周忱以聞詔免田租十萬五千餘石江陰免租一萬六千九百六十九石

十三年江陰旱

景泰四年十二月常州大雪木氷

五年正月常州大雪平地深三尺五月大水傷稼民洊饑詔有司勸分以賑贍之江陰免租六千八百石有奇

六年夏常州旱蝗監察御史楊貢奏免夏租十五萬三

千餘石秋租二十三萬六千餘石江陰免租四萬七千四百五十六石

七年常州旱荒免田租二十七萬六千餘石江陰免租五萬一千一百八十石

天順四年常州水免田租十萬七千餘石江陰免租一萬三千三百二十三石有奇

七年常州水免田租有差江陰免租三千三百石有奇

成化元年水江陰免麥米五萬二千六百七十石

二年水江陰免麥一萬二千五百二十七石

四年六月常州旱水涸運河幾絕流命廷臣按視免田租之被災者江陰免租七千三百石

七年水旱兩災江陰免麥五千八十二石糧三萬七千八百六十三石

八年水江陰免米二萬三千五百六十三石

九年水江陰免米一千九百七十一石

十三年水江陰免麥一萬六千七百二十七石

十七年常州春夏亢旱秋大水平地泛溢沒田疇壞廬舍人多溺死是歲大祲民用洊饑明年春詔以粟賑之江陰免租四千六百五十三石

十八年旱江陰免麥八千三百四十二石

二十一年旱江陰免糧三萬二百五十石

三十三年旱江陰免糧二萬三千八百五十三石

弘治三年由里定綺諸山崩泉湧是秋九月大魚出江滸長十餘丈身横鬐鬣不動衆刲其肉皆純膏取以照夜未幾潮大至魚復流去

十八年旱江陰免糧三萬三千七百三十三石有奇

正德元年旱江陰免糧三萬八千六百九十九石有奇

三年旱江陰免糧一萬九千六百五十五石有奇

五年夏大水浸淫三月自茶鎮西至無錫武進界爨烟幾絕

六年夏疫

七年秋海潮溢

十年大水江陰免糧三千五十六石四斗有奇

十三年大水江陰免糧二萬二千二百四十二石有奇

十四年大水正月地震有聲如雷廬舍搖動江陰免糧四萬四千一百四十三石有奇

十五年冬麥抱穗而華

嘉靖二年饑

三年二月辛亥地震

五年二月雨大作壞民圩埂二麥盡死

七年十月庚戌地震

八年六月蝗飛自西北蔽天林竹岸草皆殘蝕

十五年四月壬寅雨雹平地積寸餘二麥死

二十三年大旱

二十四年大旱

二十五年大旱人屑榆皮以食流殍載道

三十二年雨赤豆地生白毛倭寇至

三十三年日出時有黑圓如日者百數與日並麗又有覆日如月魄而差小者日光茫昧四漏如綫

三十五年倭寇復至

三十八年六月大水

四十一年大水

四十四年六月二十四日夜大風拔木

隆慶元年訛傳朝廷選繡女民間嫁娶一時都盡八月初二日大風拔木六晝夜洪水暴漲禾盡秕

二年元日風沙晝晦六月大風

萬曆元年十二月雷震

五年大水

六年蟲改折漕糧米二萬六千九百八十九石七斗一升八合每石折銀五錢　冬大雪木氷

八年大水

九年秋海潮泛溢陡起數丈沿江居民漂沒殆盡

十二年大水詔免租十之三江陰免米五萬三千九百五十四石六斗八升

十四年大水

十五年水災民食草根樹皮殆盡詔蠲免本色米一萬二千六百六十石二斗四升八合折色銀七千五百九十一兩六錢三毫

十六年旱災改折正兌漕糧三分每石折銀五錢省免輕齎等銀一千五百六十六兩四錢六分一釐五毫一絲奏請賑濟給散銀一千一百兩穀八百八十一石一斗四升

十七年大旱民饑疫死者載道蠲免本色米一萬四千七百二十九石一斗三升四勺折色銀一萬二千八百五十七兩六錢六分欽差戶科齋賑銀五千七百兩賑被災民

十八年二月初二日地震

二十一年雹災漕糧改折三分每石折銀五錢省免輕齎等銀一千五百六十六兩四錢六分一釐五毫

二十三年水災改折漕糧正米連耗每石折銀七錢省免輕齎等銀五千二百四十九兩八錢二分七釐一毫

二十四年水災改折漕糧正米每石折銀五錢免輕齎貼役等銀二千五百八十九兩三錢七分三釐二毫二絲

二十五年清明大風雨夏秋大雨

二十六年一歲兩災改折漕糧什之三免輕齎貼役等銀一千五百六十六兩四錢六分一釐零

二十七年春久雨無麥改折漕糧正米省免輕齎貼役
等銀三千五百三十兩二錢五分
二十九年大水無麥改折漕糧正米二萬二千一百十石七斗七升八合
每石折銀三錢五分七釐有零低圩田無收知縣郝敬請蠲稅不得移
沙田無碍銀抵之災民得不困十二月二十二日申時
地震
天啟四年正月晦日餔甚紅有大星日懸中間旁十一小
日環之二月十一大星如蛋自北移東沒夏四月霪雨
淹旬傷二麥盡五月十九日雨五晝夜江漲漂沒五千
餘家男婦積屍無數六月中異星晝見去日有尺光動

插七月初三日雨連三晝夜後蒔烏稻復漂沒漕兌無所出巡撫周起元疏請量折三分江陰勘災九分五釐量改折三分每石折銀六錢五分

五年正月上旬大霧人日滂聞雷三四月霪雨大無麥六月初四日八月二十二二十三天鼓鳴六七月旱暑印通判張得春虔禱得雨苗少蘇七月二十六日太白經天

六年正月雪大雷電春夏雨不時無麥四月初八日天鼓鳴六月閏六月大旱蝗七月朔大風雨拔木偃禾江漲民多溺死冬不雨民饑采食圖山乳石十二月二十

八月木冰

七年正月朔至三日天鼓鳴西北雨凡十八晝夜不絶十九日迄二十一日風雨雷電隨大雪雨雹二十二日臭霧四塞鳥雀多凍死三月青虫食麥苗蝗生知府曾櫻檄縣購捕蝗十二担給賞倉穀六石六斗秋八月虫傷禾稼九月雨無年十一月二十二日江流涸如帶

崇禎二年九月不雨至十一月

三年春不雨二麥萎五月二十四日雨至六月二十日止禾菜盡傷八月霪雨苗不實流氛洊警

五年五月不雨至六月二十四日學使甘學闊虔禱乃

雨

六年六月二十五日烈風猛雨圩岸冲塌飄舍溺人畜田禾傷濱江東北特甚九月二十八日風變田禾若掃

七年四月初七日晚黑雲起東北大雷雹以風雨雹損二麥盡巡按祁彪佳具題得旨發粟賑濟青蟲食禾兵使徐世蔭祈於神青蟲死十二月初五日風雷蟄龍起行雨晴暖二麥舒穗草木花

八年春多雨夏不雨損二麥六月雨連八月損稻民饑

十年元旦日有食之中秋後至次年春杪旦晚赤氣彌天月色赤頳

十一年四月十九日至二十四日大風損麥過半六月不雨至八月蝗飛蔽天食禾豆草木葉俱盡購捕不能絕捕蝗三百餘石知縣馮士仁詳請漕米改折冬旱旱晚赤氣彌天蝗遺子復生食麥苗十月二十三日五龍垂天不雨

十二年正月二十五日夜雨小黑豆四月旦晚蟲聚鳴於天五月旱蝗購捕

十三年春二月風霾雨土者久之夏五月不雨至七月學使張鳳翮海防張嗣嘉率屬虔禱十日大雨苗乃蘇八月虎至傷人

十四年大旱米價每石三兩有虎至捕得之

十五年元日大雪以客歲大無民饑疫死者載道

十七年三月十八日夜月赤如血六月朔日有食之

按災祥之紀至於同民憂樂所共無逸以見先事綢繆之意若事涉妖妄如豕立鵲飛石言巫夢縱極詭譎于民事何關左氏浮誇昔人譏之奈何爲艷異之續乎前志所録甚夥概從删郄至入 本朝來五風十雨豐年登告從麟經書有年例登之祲則同其憂稔則同其樂牧民之職應爾也

國朝順治七年海寇告警糜江心沙渚居民轉徙流移載道

八年六月淫雨六晝夜禾苗爛死米價每石三兩十月朔日食幾晝晦

九年三月詔復沙洲民轉徙者悉還業 制府麻勒吉請 於朝報可洲人

德之今廟

祀江滸

十年十一月大雪木氷

十一年六月大風拔木

十二年麥秀兩岐

十三年八月民間訛傳采繡數日間男女嫁娶幾盡

十五年有年

十七年五月晦日徹夜大雨仍日不止諸山迸裂出水平地深數尺許舟航入市古圻皆崩

十八年六月大旱日中飛雪七月蝗至隨滅不爲災

康熙元年

聖祖仁皇帝御極麥大稔秀兩岐秋大有年米價石五錢許

二年大旱

三年彗星見

四年七月大風一晝夜漂禾拔木

七年春白氣亘天者彌月六月十七日地震

八年十月雷

九年五月連雨不絕蔬禾盡沒民廬多壞

十年六月旱至八月始雨

十一年六月飛蝗蔽天知縣龔之怡總兵侯襲爵祈於

神漸去禾苗損什之三

十二年正月初三日夜聞雷

十三年淫雨自正月至五月亢旱自六月至八月共十月至十一月復淫雨

十四年夏六月不雨

十五年夏五月至六月大雨田禾盡沒民廬悉壞至十六年春正月巡撫慕公天顏檄屬賑粥總鎮侯及紳士捐米繼之夏五月初七日大雨雹損麥苗至六月大雨禾苗盡沒

十七年秋七月大旱十八年巡撫慕公天顏題請賑恤

十八年夏五月不雨至秋七月江湖枯涸禾盡槁民饑

特恩也

糧三分之一冬暖如春侯桃杏梅俱花無雨雪

三十三年十二月二十日立春次日大雷雨又次日大雪冱寒草木凍死鴨入河有氷斃者

三十四年元旦大雪至元夕半月方止路盡沒三月二十九日大雨雹午節後淫雨十日大水無麥禾蠲漕糧十之七

冬暖無雨雪

三十五年六月朔颶風海嘯洲民溺死數百人七月中大風雨發屋拔木飄蕩千里

三十七年正月朔日有食之夏無麥

三十八年秋有蝗不成災

三十九年大有年一禾九穗

四十一年二月初三日有白氣長丈餘自西起約更餘而滅四月淫雨大無麥

四十二年大有年冬暖如三春草木有花

四十三年四月二十日大雷雨有氷雹數日不止夏麥摧損

四十六年二月二十二日夜月旁有大星搖動紅色秋大旱災勘報災田五十七萬七千八百三十八畝題蠲地丁銀九千四百六十七兩三錢五分六釐米一百八十八石三斗七升二合賑濟饑民大小口共三十二萬六千二百七十一名給過米十萬八千六百九十一石五斗八月大氷雹

四十七年夏大水不成災

四十八年有年

四十九年夏麥大稔秋有年

五十一年十一月二十五日夜子時地震

五十三年十月十五日月食既十二月初二日大雷雹

五十四年正月朔日有食之夏大水低圩田災

五十五年夏大旱災池河盡涸禾苗萎枯勘報災田五七四萬八千二百九十七畝二分題蠲地丁銀九千五百五十一兩一錢七分八釐米二百一十一石三斗四升九合賑濟饑民貧生大小口共九萬二千二百六十五名給過米二萬四百二十石四斗三升三合

五十七年有年

五十八年元旦日有食之大雪麥大稔秋有年

六十年五六兩月不雨至七月望後小雨潮河竭江潮不至高下俱災勘報災田五十四萬七千三百三十四畝一分題豁災地丁銀八千五百二十九兩八分米一百九十七石六斗七升一合

六十一年五六七三月不雨東南鄉田禾下種者十之五既蒔者亦枯萎西鄉次之勘報災田七十八萬七百七十八畝九分題豁地丁等銀一萬三千八百五十八兩九錢九分零米百三石八斗七升八合賑濟饑民大小口共十千五百三十名給過米二萬四千八百十九石三七十又賑貧生二百九十一名給米六十四石二升初昏有星自西流至東聲隆隆有光長數丈餘

雍正元年五六七三月不雨江潮不至八月

四分[illegible]災勘報[illegible]
[illegible]錢[illegible]
五升六合又奉文撥米煮粥賑饑[illegible]
[illegible]四名用過米二千四百[illegible]八石[illegible]
斗棠四十九萬五千六百八十觔賑過貧生一百二十
名給米二十
一石六斗
三年七月十九日夜颶風陡發海潮泛溢濱江及江[illegible]
蘆田岸場田災廬舍多圮溺死居民百餘人署縣錫李玫勘
詳報先捐俸給銀收殮遺骸并諭業戶借給口糧修[illegible]
房屋隨奉藩司鄂發帑銀二百兩苫蓋坍塌民房又[illegible]
撥留漕於本年十二月起至明年三月止煮賑四月[illegible]
木沙業戶繆民墉徐德容吳傅霖張斗瞻趙元槐等[illegible]
率經理共賑過大小饑民五十八萬八千九百四十[illegible]
名勘報蘆田七萬三千七百五十一畝三分題蠲課銀
八百二十
二兩零

三年有年

四年秋七月至八月霪雨兼旬水及平陸低圩田歉蒦

入冬雨不止田禾渰浸已兌漕糧俱黴變

五年大寒水氷四望凝結如碎玉說者誤爲甘露非也

八年麥大稔秋有年十月長涇鎮火災延燒居民數十

家

十年七月十六日黃雲蓋天是晚颶風大作江潮泛溢

奔騰哮吼聲震響山谷拔木掃舍平地流出水數尺繼

以暴雨徹夜床床南北兩門水及城坂北外浮橋漂沒

傍橋里餘民舍皆壞瀆江都鄙及各沙洲渚盡爲波臣

溺死居民數千人在田苗稼連根掃蕩爲百年未見之
災。興知縣蕭廷瑞勘明詳報奉憲發帑先行賑恤衍沙
百四十二名給過錢一千九百五十九千八百四十文
米一百八十石水師營被水兵丁一百六十一名賑銀
十六兩一錢後欽奉
上諭今冬冰雪嚴寒來春青黃不接當預爲籌畫奉 憲議
行發賑共賑大口二萬二千二百六十五名小口七千
二百七十二名給過米一萬四千六百三十四石一斗
三升五勺勘報漕田六萬六千八十三畝零 題蠲地
丁銀一千一百十九兩五錢零米二十五石三斗四升
四合勘報被災蘆田十三萬二千二百六十八[illegible]分
四 題蠲課銀三千四百五十三兩九錢零[illegible]
道居民露處其僅生者朝不謀夕賴有紳[illegible]
璧捐棺六十具米一百石銀十兩 義民朱元升捐米
四百十七石七斗六升 原任奉天府治中繆民墉捐
穀三百餘石 貢生蘇士弘捐銀二十兩錢十千米十
石 貢生繆永昌捐銀四十兩 監生陳大受捐銀四
十餘兩 義民丁漢章仝子監生繼鴻捐米麥四十石

職監夏敦禮捐銀三十兩 又貢監生錢祖宜 袁鳳
儀 夏宗瀾 吳國持 袁諧 施永修 生員王大
炳 王舟 夏宗洛 夏敬梓 周德明 祝式萬
鄒加禎 耆民耿子良 祀生夏宗淮 徐廷藩 童
生 夏敬樞 祝景淵 蔣京山 錢大鶴 民人卞景
成 孀婦袁宗夏妻陸氏 王恪母徐氏 徐禾母薛
氏 陳位育母袁氏 祝蔣氏 趙錢氏 錢繆氏等
俱各量捐銀米或出力募助收骸掩骼延醫施藥賑恤
接濟明年正月朱允升復與本沙義民陳君禮蕭履安
陳嘉侯捐米煮賑以贍地之乏食者沙洲重困用是以
懇奉 憲行查列冊詳報分別給匾獎勵并勒石縣治
誌之

十一年夏大旱秋得雨不爲災

十二年六月初一日至初五日霪雨五晝夜初六日雷
雹大作風雨驟至翻盆捲籜低下田畝禾稻花豆俱災
勘報災田二十一萬二千八百三十三畝題蠲地丁銀
九千九百二十五兩六錢四分零米二百十二石六斗

八升七合零查報災民大小口共七萬六千一百八十
六名賑濟五個月給發過米二萬一百五十二石二斗
六升

十三年秋大有年

按荒政十有二所以聚萬民也我
朝惠養黎元減征薄賦罪數頻加然成災幸在七分以上
下此者例不及也恭逢
勤恤民瘼特沛　恩旨以被災至五分收成俾得其半
恩准蠲恤其蠲荒定額亦視前有加至於州邑偏災無
分多寡悉得　題達際斯曠典良有司實心行之起哀
鴻雁而衽席不難也
何至繪監門之圖哉

乾隆元年夏秋之交霖雨間作低窪圩田被淹成災知縣蔡澍
詳報查勘災田三千四百三十四畝九分九釐　題蠲
地丁等銀一百五十二兩四錢三分九釐米三石二斗
六升六合零賑濟災民大小口二千四百六十七名給
過米六百七十石三斗五升又欽奉

恩詔內開冬月嚴寒將鰥寡孤獨貧民賑濟大小口千一月
六百八十七名給米一百九十六石六斗五升

大街萬壽坊火延燒市廛樓房十餘家融風之虐動輒
燎原備豫撲救

亦有司責也知縣蔡澍捐俸購置水龍火鉤等具分設
各衙署又按保置造大桶貯水滿盈以供潑救當事者
踵而循之則延
林之患可弭矣

二年六月初旬暴雨驟作五晝夜不止江潮河水俱泛
溢低圩田災勘報災田四萬九千二百畝三分八釐
題蠲地丁等銀二千二百九十七兩零米
五十二石三合賑濟災民大小口三萬八千八百十三
名給過米一萬七百八十九石八斗又賑貧生五十
名給米十七石一斗乾隆三年又欽奉
上諭因連年被災將乾隆三年災田停緩地丁漕項銀一千
八百兩一錢零米二千六百
九十四石九斗盡行豁免

三年夏五六月亢暘不雨七月間東鄉各鎮蝗蝻叢生

蘆葦中（知縣蔡澍親督胥役撲滅之）入秋旱益甚（知縣蔡澍虔禱得雨未獲霑足）

皋川禾災（勘報災田五十四萬八百二十八畝零奉蠲地漕等銀二萬五千八百三兩零米一萬六千七十四石二斗九升九合所有災田除蠲尚有應徵銀米俱緩至來年九月起分三年帶徵熟田起運漕米半本半折賑濟災民大小口共六萬八千三百五十五名給過銀一萬二百五十一兩米九千六百四十九石九斗）

禱雨疏

蔡澍

竊惟大田多稼恒資灌溉之宜洪範陳晴燠貴雨暘之若惟民事莫先於稼穡天工必藉夫沾濡六事桑林書應湯孫之禱三時泮水詩傳魯后之勤物有感而斯通理無往而不復何期下邑遊值恒暘靳傅說之霖山川滌滌布趙宣之日蘊隆蟲蟲觸物則裂石焦金及地則焚林灼潤西郊雲氣空幻樓臺東海波臣莫施膏澤萎中田之秧馬野草無青吼上隴之吳牛長河盡赤白頭父老對穡穗而神傷稚齒兒童望石田而綃隕職明慚水鏡溢比魚枯漫膺

民社之司繭絲莫補奚竊循良之譽鵠刻無成抱如臨如傷之憂椎心坰野切已溺已饑之痛蒿目郊原珠玉雩壇呼九閽而罔應雞豚郵社冊八蜡而難遍百里就荒千軸延頸伏念奉職多愆當官有疚或政刑失理大乖造物之和或賦斂滋繁重守民生之戚或綜核弛而事歸叢脞謬戾良多或化導疎而俗尚矯誣愆尤不少罪由自作民則何辜凡諸擢髮之條甘受剝膚之罰伏冀天聽不遥神威有赫萃一邦沴厲之氣降殃總及一人鑒萬家呼籲之詞來蘇及於萬彙豐隆駕而祁祁興雨屏翳集而杲杲潛曜風遂弭飛霑足歌於頃刻月離畢宿滂沱沛於須臾則杞稿同春四野感施生之德轉災爲瑞三農歌婦子之寧齋宿抒詞悚惶待命謹疏

紀賑詩

蔡澍

朝行暨城東暮宿暨城西車殆馬亦煩去去將何之爲言捧檄來賑我蒸民饑台余來澄江三載罹瘏痍辰已遘潦霖原隰成塗泥今歲大旱乾收穫艱糠秕嗷嗷遍哀鴻玉食與桂炊鹽門繪圖入荷此

恩綸垂江鄉十萬戸普賑良難施所貴杜胥濫庶以全黔黎單車走四郊按籍登門稽孤村迄小集詎憚雨足胝風沙

障面引雨雪侵膚肌胥役走且僵喘息無定甚於事[illegible]
[illegible]來紛紛而岐米冏重粒柔鉅亦[illegible]
民[illegible]羸老翁扶杖來稚子牽衣[illegible]更挈[illegible]
携[illegible]蹣跚及屆傳[illegible]譁階墀呼吏討口授草[illegible]
囊橐滿負戴筐筥交提携豐年等糞,襄凶歲成珍[illegible]
返遂門滿餐勝肉糜豈知官長勞督給迄無時亭午[illegible]
食宵眠尚嗟咨再賑復三賑務及來年期民得數[illegible]
已半載疲側聞窮巷閭寡婦涕漣洟自言賑不及里中皆
其私,乃知博濟難堯舜猶病之中夜起長
嘆端負垌牧司安得太倉粟大賚無孑遺

四年秋有年

五年麥大稔秀兩岐秋七月後濱江沙洲青蟲生[illegible]
節勘不成災 知縣蔡澍親詣查勘分別被災輕重[illegible]
詳報奉文未准允,隨酌定輸租分數,詳請
遵行業佃相安,又請借社倉穀石以資災民生計,鰥寡
孤獨各予撫恤其詳稟云切卑縣地方沿江沙田生虫
傷損禾苗前已具稟 憲鑒今卑職親歷各沙傳集地
保鄉耆等驗明虫身細小潛生稻秸空心,中暗食苗節

無形可見實屬天災非人力所能捕滅也卑職逐坵查
勘被傷八九分者二萬二千一百七十四畝零傷至五
六七分不等者二萬九千八百六十五畝零現在造冊
具文詳報外伏查卑縣額賦平田一百十三萬五千四
百畝有奇又沿江沙田一十二萬七千五百九十畝[illegible]
被傷之田未及百分之一且今歲雨暘時若夏麥豐[illegible]
內地禾稻茂盛年穀順成即沙田內有種植花荳者又
皆收成無礙且每畝夏租一斗秋租三斗六升較[illegible]
租息甚輕是以查閱各保佃報呈咸以減免租籽為[illegible]
並不曾以些小虫傷敢有他望也惟是租有額[illegible]
重輕若不議定成規則臨期收穫多寡不齊不[illegible]
爭執之嫌今卑職仰體憲臺關切民瘼至[illegible]
議敢將辦理緣由上陳卑職查沙田[illegible]
每畝額賦三分八釐不辦漕米是錢糧不[illegible]
之一矣且濱江臨潮旱澇無虞累年豐收[illegible]
大戶與戶地土碎星小戶貧苦者各別[illegible]
處亦不至大見艱窘惟是佃農自春及[illegible]
已費用一旦收成歉薄[illegible]
以上者諭令業[illegible]
糧被傷五分者還租一半被傷六分者以次遞減

農薄有收成工本不致全荒至業主原係藉田辦賦今被災田畝惟令捐租濟佃而錢糧仍催依限完納恐其不無拮据擬將捐租各業所有受傷田地應完課賦容卑職摘出註明坐簿暫緩催輸俟來春奏銷之前再行催完則物力寬紓而辦納不致匱乏矣再沙田各佃花豆既屬豐收災田又減租息且內地成熟將來米價自屬平減目前可無口食不給之虞如殘冬歲暮沿江被災之處查有老幼孤寡日給不敷之輩容卑職捐給養廉稍為接濟仍俟明春青黃不接之時於該地設廠減價平糶再酌量借給社倉米穀以供東作之需至巫山石牌各墩保雖屬平田緣與沿江沙田接壤故受傷相等似應一體辦理庶幾業佃各得輿情歡悅上不煩憲臺題達之繁下不致有艱難失所之虞是否妥協合稟憲臺核示遵行

六年七月十九日颶風起沙洲潮災民舍漂沒知縣蔡澍親詣查勘先行捐俸撫恤并給資修葺房屋踏勘明情形詳報奉文暫緩本年蘆課俟來春趕奏開徵其詳稟云切卑職地方於七月十九二十二十一等日狂風陡發猛雨繼作江潮驟長汎溢入港濱江沙洲被潮渰浸勢甚

洶湧卑職隨即衝冐風雨親臨查看被潮情形先行具禀今幸水勢稍退復单騎遍歷各沙圩保詳悉查勘除離江稍遠之處潮未湔及幸皆無恙外其近江及江心洲田種植花豆者目下正將收獲之時忽被潮水浸没不無傷損至於藝稻之田早者已經結實晚者尚未生苞俱各無慮惟中色稻時方含花吐秀未免稍減成色

卑職即傳集業戶圩保并佃民人等逐一詢問據稱被傷田地有限不敢混請詳報致罹冐災之咎各行具結到縣其圩岸坍卸之處現在分委佐雜各員趲督挑築限日完竣惟是海濱居民被潮衝突室廬湮沒露處可憫但禾稻既不成災未便請撥公項卑職已親臨勘明倒塌房屋間數飭令圩保挨戶造册卑縣即捐養廉分給各戶令其修葺棲住鰥寡孤獨之家被潮乏食者亦分別酌給撫恤俱各相安今將給過修葺撫恤之數另册呈禀候核再沙洲去秋虫傷卑縣曾經禀請借給社穀以資民食例於今冬催還不料又值風潮恐催收之期民力不給合先預行禀明至期

另請酌奪伏候　憲臺鑒核施行

七年秋大有年

八年夏麥稔五六月間霪雨時作低鄉被渰者間生青

蟲不爲災東南鄉高田俱大稔

九年夏麥稔

催租行　宋　范成大

老父田荒秋雨裏舊時高岸今江水傭耕猶自抱長飢的知無力輸租米自從鄉官新上來黃紙放盡白紙催買衣得錢都納却痛骨雖寒聊免縛去年衣盡到家口大女臨岐兩分首今年次女已行媒亦復驅將換升斗室中更有第三女明年不怕催租苦

送江陰呂彥行　宋　蔡　肇

君家東南田甫田一畝種粟輸千錢邇來旱暵憂無歲坐此失計長江邊下田鬼鴈若烟海高田蒼黃塊磊磊飽犯犁耡向屋眠浩歌不憂顧田在歸來買鐵利耡耰有知不■無復收它年滯穗萬夫飽會笑婁甌祝滿篝

苦雨

宋邑教授尤袤

十年江國水如淫，怕見三秋雨作霖。可念農家妨卒歲，須煩風伯蕩層陰。禾頭昨夜憂生耳，木德何時却守心。兀坐書窗詩作祟，寒蟲鳴咽伴愁吟。

賑澇

宋僉判陳剛中

暨陽古澤中，今歲仍大水。舟行民田中，一泯四十里。農夫相對泣，父子飢欲死。酷吏亦何心，誅求殊未已。豈繫竭膏血，直欲剝膚髓。哀此無告民，有生皆赤子。天災自流行，助虐亦何理。我愧才術疏，陸陸佐小壘。熟視不能救，有淚空自灑。皇心念下民，惻怛形詔旨。丁寧既諄複，象魏幾黃紙。要須盡蠲除，仰稱德意美。人微言或棄，歸休從此始。

求稻種

元邑人許恕

百年多難寄殊方，江草江花滿意芳。避地不知茅屋小，到家應念石田荒。東吳秋後思尊切，南國春來浸種忙。野老尚分紅稻粒，黃雲應遶杜陵莊。

旱鄉田父言　明　宋　無

疲牛病喘臥桑間像禱閑眠麥地乾殘稅驅將兒子去豆畦却借草人看

雨中　明　邑人　孫　作

江南斗米三百錢抱飢閉門人晝眠衾裯入市不論直破竈日中炊濕烟

賑饑詩　明　巡撫　周　忱

艱難百姓實堪悲大小人民總受飢五口不燒三日火十家關閉九家籬隻鷄止換三升穀斗米能求八歲兒更有雨般堪歎處地無芳草樹無皮

憂旱行二首　明　邑人　曹　駿

金風逆行南斗茀亢竈無光斗柄拆赤日下焰坤軸絕炎歊毒山山石裂東南之地再流血安得風吹閶闔開萬里笑聲動天闕

妖虹公然貫白日東南雨氣西方出雷公縮項雲中臥應

龍把珠海底蟄去年餘丁今年旱地下飢魂可得知明年無[illegible]寒骨

凶年上當道　明知縣趙錦

慚爲乞丐耻窬墻難忍迢迢白晝長叫割夫妻傷大義强將兒女救飢腸一盆火炙心頭熱滿鏤湯煎骨肉香寄語肥甘當道者此時何暇又征糧

湖海俱溢紀異　明邑人任道遜

七月江海溢波濤逐颶風尾閭連浩渺大陸總飄蓬民舍江豚没官城海市空東南一萬里浮骨幾叢叢

賑飢行　明邑人陳體文

萬家無烟麥未熟太守念民思賑穀移文給下二千石一縣有鄉三百六里胥報名入城市扶杖隨趨東飢腹緣官事多未點名今宵且向堦頭宿天明乞食人未有日出開倉吏催走人多穀少給一斗上堦吏胥更索酒老婦村邊望何久遥見歸來若空手翻身入門掩淚泣徐聽翁呼措鄰曰傾囊莫恨畢不盈我猶得歸米入口請看城中[illegible][illegible]

寺寺前多
少亂民死

憂旱用衞父韻　明邑人 薛章憲

六月纍卅日不雨苗欲枯畦壠龜兆拆不秀有奚夬豈但
憂粟米兼恐無穮穖小民終歲勤一飽庶志勉下以給繇
游上以供賦租公私兩失望安得無嘆吁白鵝既以刑筌
龍亦已雩天邪人鬼邪誰實任其逋縱憖四爲虐暴尪彼
其辜庶見月離畢觸石云起膚人象者勝
天要亦不可誣悲歌聊當泣因言遂成欷

種麥行　明邑人 袁堯臣

他家種麥歌兩岐我家種麥牛尾稀一飽忽被賊鼠揣未
秀巳作箕子悲自從滹沱一飯後大器小瓶竟誰有護鷄
土人痴更騃捐
舟好客何時來

見驛壁者憫而有作　明邑人 陳函輝

秉穗不穧利螟螣蟊賊災追求憐寡婦喪亂及汙萊荊布
隨時與麻裂別樣裁天心猶未厭留告小東哀

奉
旨旌善碑記

國朝知縣郭純

夫秋七月江以南海潮汎溢蘇松常被災地方凡一十九州縣而常郡之江陰沙港居民漂殁流亡不可勝數前制府尹署制府漕院魏一巡撫喬　方伯白廉使刁觀察劉郡守李洞悉江邑情形聞之
當宁蠲賑之令大沛
殊恩各憲竭力奉行令淮郡守朱公亦其襄厥事然而人皆饑殍水滿浮屍安得盡人而濟之幸邑中紳士繆民墉已下能好善樂施并隣邑陶封翁天壁諸君交相協濟有操舟撈救者有備棺收瘞者至給粟米銀錢並施醫藥所全活甚多
天子聞知重加褒美夏秋間　制府高公兩奉
上諭凡好善樂施者悉遵
旨給區示旌而又檄縣建碑彙捐資姓名并所捐多寡實數詳名泐石垂之無窮純承乏兹邦猥董兹役伏思民之失德乾餱以愆末俗澆漓由來久矣不謂周禮有任卹之義春秋有救災恤患之風乃於今日復見之於是奉　憲檄

而布
恩擢俾暨陽中浦間耕夫織歸白叟黃童皆曉然於
朝廷之獎善若此將好善之念油然自生出一邑推之郎以
風示天下胥是道也爰爲之記而并載樂善姓名於碑陰

癸亥夏五霑雨後省視村落　蔡澍

年來黍粟亜璆琳辛苦二農力不任人慮恒暘成旱熯蟻
封豕蹢兆爲霖
屏翳豐隆散滿空森森銀竹舞迴風突無烟起塗無轍幾
日淙潺澗壑通
齊邑初明雨散絲町疃鹿跡少人知平原咯比菱花鏡不
沒青秧翠荻姿
宣城簾閣靜焚香若個衝泥盡日忙溝澮淺深資蓄洩埶
巾還爲過橫塘
父老前來爲汝陳牽蘿補屋莫嫌頻桔槔雖暇休閒曠豆
架瓜棚手自親
初霽涼從北澗生飯牛人指郁陰清依稀故國農耕趣八
載雲山計未成
舉網銀鱗出水濱青精麥飯照顏新瓦盆兒女年年樂笑
爾東西南北人

牧人迺夢衆維魚洒澤飛甘仰太虛近郭風光看不足周
原何處不菑畬

論曰禨祥之類史家多入五行志蓋本洪範庶徵之義而
兼春秋書變異之法也觀此者可以驗世之盛衰焉當世
之盛必惕然有敬天恤民之隱則災反爲祥堯湯所以遇
水旱而民不病也流及旣衰且汰然以天變爲不足畏民
嵒爲不足恤矣史家謹書之有以哉有以哉後世不察於
是獻媚者侈陳瑞應好怪者臚舉不經非其旨矣若一邑
之志亦必及之者則以其應各見于所分之野也恭維我
皇上誠求保赤一遇水旱輒發帑賑濟并
諭大小臣工先時籌畫無俾一夫之不獲澍湓江後水旱

[illegible]寖纔一二見耳餘皆年穀順成民氣和樂然心常惴惴焉蓋既備員一方則一方之失所固有任其咎者矣中丞穎川豈伊異人安在轉移補救之非有司事耶因幷舊志所傳及近今紀載備書焉竊嘆我

朝曠典千古未有而澍躬逢

聖治以與百姓共享此豐年之樂宜如何慶幸也

【光緒】江陰縣志

(清)盧思誠、馮壽鏡修　(清)季念貽、夏煒如纂

清光緒四年(1878)刻本

江陰縣志卷之八

祥異

春秋記異不記祥而有年必書明乎歲豐人樂乃嘉祥耳江陰高原患旱圩田患潦沙洲患風潮三者無災卽爲有年而天不能酌予之濱江之地所以常待補救也至於日星霜露之變山川草木之妖雖不盡由一邑之感召然稽洪範五行咎徵五事足資恐懼修省焉豈徒侈中牟三異爲循吏之報最哉志祥異以聞

（晉）太康七年十二月己亥毘陵雷電南沙司鹽都尉戴亮

永昌二年正月赤烏見暨陽

永昌中暨陽人任谷因耕息於樹下一羽衣人就淫之既而失所在遂有娠積月將産其人復來以刀穿其陰下出一蛇子便去谷遂成宦者後詣闕上書自言有道術帝留宮中郭璞上疏諫不聽帝崩亡去

咸康五年四月下邳民王和僑居暨陽女可名可女年二十自云上天來還得微瑞印綬當母天下晉陵太守以爲妖收付獄至十一月有人持柘杖絳衣詣上東門口列爲聖人使求見天子門候受辭辭稱姓呂名暘其言王和女可右足下有七星星皆有毛長七寸天令可命爲

天下毋奏聞卽伏誅幷下晉陵誅可

隆安中輔國將軍孫無終家暨陽地中聞犬聲尋地坼有雌雄二犬子皆白色取而養之皆死後無終爲桓元誅滅尸子曰地中有犬名曰地狼夏鼎志曰掘地得犬名曰賈此蓋自然之物不應出而出爲禍也

前宋元徽中暨陽縣女於黃山穴中得二卵如斗大剖視有人形

齊建武二年魚子英於芙蓉湖捕魚得赤鯉持歸以歛養一年化爲龍

梁大同元年有鳳止於南鄉慈雲寺樹飛鳴而過故以鳳

過名鄉

陳太建四年江水赤如血

禎明中江水赤自方州東至海

唐垂拱中縣東二十里有黄龍盤於山三日始沒今名盤龍山

宋天禧二年二月蝻蟲生

政和五年主簿俞光祖於官倉獲一烏體全白喙目脛掌俱紅待制蔣靜奉祠里居撰政和聖德瑞烏賦以進

紹興五年八月水

紹熙五年大旱民食草木

慶元元年饑死徙甚衆詔免夏賦且賑之聚

六年大旱民乏食

開禧三年夏秋飛蝗蔽天

嘉定十一年旱蔬麥皆枯

元至元二十七年五月大水

至正十一年永凝鄉陸家一豬產十四豚内一豬身而頭

面手足俱如人

十五年十月六日地起白虹是日午江陰州城陷

大德四年七月颶風起水暴溢民胥漂溺

明正統三年旱免糧四百六十七石

五年旱免糧一萬一百四十九石

八年夏旱秋大水免租一萬六千九百六十九石

十三年旱

景泰五年正月大雪平地深三尺五月大水傷稼民乏食

賑之免租六千八百石有奇

六年夏旱蝗免租四萬七千四百五十六石

七年旱免租五萬一千一百八十石

天順四年水免租一萬三千三百三十三石有奇

七年水免租三千三百石有奇

成化元年水免麥米五萬二千六百七十石

二年水免麥一萬二千五百二十七石

四年旱免租七千三百石

七年水旱兩災免麥五千八十二石糧三萬七千八百六十三石

八年水免米二萬三千五百六十三石

九年水免米一千九百七十一石

十三年水免麥一萬六千七百二十七石

十七年春夏大旱秋大水渰沒田疇壞民廬舍人多溺死免租四千六百五十三石

十八年旱免麥八千三百四十二石

二十一年旱免糧三萬二百五十石

二十三年旱免糧二萬三千八百五十三石

宏治三年由里定綺諸山傾泉湧秋大魚出江濶長十餘丈身橫鬐鬣不動眾刲其肉皆純膏取以照夜未幾潮至魚去

十八年旱免糧三萬三千七百三十三石有奇

正德元年旱免糧三萬八千六百九十九石有奇

三年旱免糧一萬九千六百五十五石有奇

五年夏大水浸淫三月爨煙幾絕

六年夏疫

七年秋海潮溢

十年大水免糧三千五十六石四斗有奇

十三年大水免糧二萬二千二百四十二石有奇

十四年春地震夏秋大水免糧四萬四千一百四十三石有奇

十五年麥冬秀

嘉靖二年饑

三年春地震

五年二月大雨圩岨壞二麥死七月石頭港巡檢任忠妻

王氏一產三男

七年冬地震

八年六月飛蝗蔽天食竹草葉盡

十五年四月大雨雹平地積寸餘二麥死

二十三年大旱

二十四年大旱

二十五年大旱人屑榆皮以食流殍載道

三十二年雨赤豆地生白毛倭寇至

三十三年日出時有黑圓如日者百數與日並行又有霞日如月魄而差小者日光茫昧四漏如綫

三十八年大水

四十一年大水

四十四年四月二十四日大風拔木

隆慶元年訛傳將選宮女民間嫁娶一時都盡八月二日

大風拔木六晝夜水暴漲禾盡秕

二年正月朔風沙晝晦六月大風

萬歷元年十二月雷震

五年大水

六年蝗冬大雪木冰 改折漕糧米二萬六千九百八十九石七斗一升八合每石折銀五錢

八年大水

九年秋海潮溢陡起數丈沿江居民漂沒殆盡

十一年大水 免米五萬三千九百五十四石六斗八升

十五年水民食草根樹皮殆盡 免本色米一萬二千六百六十石二斗四升八合折

色銀七千五百九十一兩六錢三毫

十六年旱改折漕糧三分每石折銀五錢省免輕賚等銀一千五百六十六兩四錢六分一釐五毫一絲發賑銀一千一百兩穀八百八十一石一斗四升

十七年大旱發賑疫死者載道免本色米一萬四千七百二十九石一斗三升四勺折色銀一萬二千八百五十七兩六錢六分發賑銀五千七百兩

十八年二月二日地震

二十一年雹改折漕糧三分每石折銀五錢省免輕賚等銀一千五百六十六兩四錢六分一釐五毫

二十三年水改折漕糧正米連耗每石折銀七錢省免輕賚等銀五千二百四十九兩八錢二分七釐一毫

二十四年水改折漕糧正米每石折銀五錢省免輕賚貼役等銀二千五百八十五兩三錢七分三釐

二毫二絲

二十五年春大風雨土夏秋大雨

二十六年一歲兩災改折漕糧三分省免輕賫貼役等銀一千五百六十六兩四錢六分一釐

二十七年春久雨無麥改折漕糧正米省免輕賫貼役等銀三千五百三十三兩二錢五分

二十九年大水無麥改折漕糧正米二萬二千一百一十石七斗七升八合每石折銀三錢五分七釐

三十三年夏秋大旱

三十五年正月二十五日地震七月蟲食禾八月布穀鳴

三十六年三月大雨至五月止賑之

三十七年大水禾半登

三十八年五月連雨沒青苗殆盡改折漕糧正耗米六千六百五十六石五斗有奇

三十九年八月黑蟲如蠶食禾穗禳卻之

四十年夏大水秋大風禾豆損冬暖桃柳敷

四十一年雨損二麥有秋

四十四年夏大水秋旱蝗冬日暈生珥白虹貫天

四十五年飛蝗集亘數十里

四十六年春雨傷麥九月二十六日曉白氣見東南半月而滅尋有星孛於東方移而北光長數丈亘天中

四十七年蝗

天啟元年訛傳選宮女民間嫁娶多不備禮
二年六月九日大霧
三年九月十五夜竊入舖失火請鑰不卽發火延麗譙焚
死竊犯四十八名邏卒二名先是五月火星入南斗十
月退舍十二月二十二日申時地震
四年正月晦日食色紅有大星見日旁十一小日環之二
月有大星如蛋自北移東沒四月淫雨積旬傷麥五月
雨五晝夜不止江潮漂沒五千餘家積屍無算六月異
星晝見去日僅尺其光動搖七月連雨三晝夜後蒔烏
稻復漂沒

五年正月大霧晝晦閏雷三四月淫雨傷麥六月八月天鼓鳴旱甚七月二十六日太白經天

六年正月雪大雷電春夏雨無麥四月天鼓鳴六月大旱蝗七月大風雨拔木偃禾江水溢民多溺死冬不雨饑民采食圌山乳石十二月二十八日木冰

七年正月朔天鼓鳴三日不絕大雨連十八晝夜十九日至二十一日風雨雷電大雪雹二十二日濃霧四塞鳥雀多凍死三月青蟲食麥苗秋蝗傷稼九月雨十一月江流涸

崇禎二年九月不雨至十一月

三年春不雨無麥五六月大雨禾桑盡傷八月大雨苗不
實
六年六月二十五日烈風猛雨圩岸衝拼飄溺人畜田禾
瀕江尤甚九月二十八日風災田禾若掃
七年四月七日黑雲起東北大雷雹以風雨雹麥盡秋歉
冬大風雷既晴氣暖二麥舒穗草木花
八年春多雨夏不雨二麥損六月雨至八月損稻民饑
十年正月朔日食中秋後至明年春杪旦晚赤氣瀰天月
色赤
十一年四月十九日至二十四日大風損麥過半六月不

雨八月飛蝗蔽天食禾豆草木殆盡捕不能絕冬旱

赤氣彌天蝗遺子復生食麥苗十月二十三日五龍垂

天不雨

十二年正月二十五日夜雨小黑豆四月旦晚蟲聚鳴於

天五月旱蝗

十三年風霾雨土五月至七月不雨八月虎至傷人

十四年大旱米價每石三兩有虎至捕得之

十五年正月朔大雪以容歲無年民饑多疫死

十七年三月十八日月赤如血

國朝順治八年六月淫雨六晝夜禾苗爛死十月朔日食甚

幾陷

十年十一月大雪木冰

十一年六月大風拔木

十二年麥秀兩岐

十七年五月晦大雨旬日不止山裂出水平地深數尺舟

航入市古岸皆傾

十八年六月大旱日中飛雪七月蝗不爲災

康熙元年麥大稔秀兩岐秋大有年米價五錢零

二年大旱

三年彗星見

四年七月大風拔木

七年春白氣亙天彌月六月十七日地震

八年十月雷

九年五月連雨不絶蔬禾盡沒民廬多壞

十年六月旱至八月始雨

十一年六月飛蝗蔽天

十二年正月三日夜雷雷有大魚數丈死江渚

十三年正月至五月淫雨六月至八月大旱十月至十一月復淫雨

十五年五月至六月大雨田禾沒民廬壞

十六年五月大雨雹損麥苗六月大雨禾苗盡沒

十七年秋大旱

十八年五月不雨至七月江潮涸禾槁民食草根榆皮賑之給米六千五百九十石銀一千八百八十三兩

十九年六月大雨積旬平地水高數尺漂沒廬舍人民死者不可勝紀勘報災田六十三萬二千一百九十三畝蠲緩銀米

二十年大疫

二十二年正月至四月淫雨麥大損十二月雷

二十四年三月大雨六日水深數尺

二十六年大風發屋拔木

二十七年四月朔日食歲大稔

三十年七月大風潮溢沙田淹沒

三十一年正月朔日食大有年

三十二年夏大旱秋大水冬暖桃杏梅花蠲免漕糧三分之一

三十四年正月朔大雪半月始止三月大雨雹五月淫雨十日無麥禾冬暖無雨雪蠲免漕糧七分

三十五年六月颶風海嘯洲民溺死數百人七月大風雨發屋拔木

三十七年正月朔日食夏無麥

三十八年秋蝗不爲災

三十九年大有年一禾九穗
四十一年二月三日白氣丈餘自西起亘餘乃滅四月淫雨無麥
四十二年大有年冬煖草木花
四十三年四月二十日大雷雨雹數日不止麥損
四十六年二月月旁有星搖動紅色秋大旱八月大雨雹勘報災田五十七萬七千八百三十八畝零豁免地丁銀九千四百六十七兩三錢五分六釐米一百八十八石三斗七升二合賑大小饑民三十二萬六千二百七十一口給米一十萬八千六百九十一石五斗
四十七年夏大水不成災
四十八年有年

四十九年大有年

五十一年冬地震

五十三年十月朔日食既十二月大雷電

五十四年正月朔日食夏大水

五十五年夏大旱池河涸禾苗萎勘報災田五十四萬八千二百九十七畝二分蠲免地丁銀九千五百五十一兩一錢七分八釐米二百二十一石三斗四升九合賑大小饑民九萬二千二百六十五口給米二萬四百二石四斗三升三合

五十七年有年

五十八年正月朔日食大雪大有年

六十年五六兩月不雨江潮不至田禾災勘報災田五十四萬七千三百

三十四畝一分蠲免地丁銀八千五百二十九兩八分米一百九十七石六斗七升一合

六十一年五月至七月不雨七月有星自西而東聲隆隆白光長數丈田禾災勘報災田七十八萬七百七十八畝九分蠲免地丁銀一萬三千八百五十八兩九錢九分米三百三石八斗七升八合賑大小饑民一十一萬八千五百三十口給米二萬四千八百一十九石三斗貧生二百九十一名給米六十四石二升

雍正元年五月至七月不雨江湖不至八月飛蝗四塞成災勘報災田八十六萬七千四百五十畝六分蠲免地丁銀一萬六千三百五十七兩二錢七分六釐米三百五十八石六斗五升六合又奉撥米煮粥賑大小饑民二十四萬五千八百三十四口用米二千四百七十八石四斗柴四十九萬五千六百八十觔貧生一百二十名給米二十一石六斗

二年七月十九日夜颶風作海潮溢瀕江及江心田岸衝

坍廬舍多圯死者甚眾勘報被災沙田七萬三千七百二十二畝五十一畝三分蠲免蘆課銀八百二十二兩請撥留漕米煮賑四月計大小饑民五十八萬八千九百四十戶并發銀二百兩苦蓋坍塌民房

三年二月日月合璧五星聯珠

五年大寒木冰

六年冬申港民蔡元臣妻於氏一產三男

八年大有年

十年七月十六日黃雲蓋天是晚颶風大作江潮泛溢聲震山谷拔木毀屋平地出水數尺繼以暴雨不休南北兩門水及城極北外浮橋漂沒傍橋里餘民舍皆壞瀕江及各沙溺死居民數千人禾稼連根掃蕩爲百年未

見之災勘報被災潛田六萬六千八十三畝蠲免地丁銀一千一百一十九兩五錢米二十五石三斗四升四合被災沙田一十三萬二千二百六十八畝七分蠲免蘆課銀三千四百五十三兩九錢賑各沙大小饑民二萬五千一百四十七口給錢一千九百五十九千八百四十文米一百八十石賑水師被水兵丁一百六十一名給銀一十六兩一錢後因來春青黃不接復賑大小饑民二萬九千五百三十七口給米一萬四千六百三十四石一斗三升五勺

十一年夏大旱秋雨不成災

十二年六月朔淫雨五晝夜六日雷電大作風雨驟至低田災勘報災田二十一萬二千八百三十三畝蠲免地丁銀九千九百二十五兩六錢四分米二百一十二石六斗八升七合賑大小饑民七萬六千一百八十六口給米二萬一百五十二石二斗六升

十三年秋稔

乾隆元年夏秋淫雨低田災勘報災田三千四百三十四畝九分九釐豁免地丁銀一百五十二兩四錢三分九釐米三石二斗六升六合賑大小饑民二千四百六十七口給米六百七十石三斗五升又因冬月嚴寒將鰥寡孤獨貧民復加賑濟計大小饑民六百八十七口給米一百九十六石六斗五升

二年學宮銀杏自焚沃以水火益熾六月暴雨五晝夜不止江潮河水泛溢低田災勘報災田四萬九千二百畝三分八釐豁免地丁銀二千二百九十七兩米五十三石三合賑大小饑民三萬八千八百一十二口給米一萬七百八十九石八斗貧生五十七名給米一十七石一斗

三年五六月不雨七月東鄉蝗生蘆葦中旱益甚高田災勘報災田五十四萬八百二十八畝豁免地丁銀二萬五千八百三兩米一萬六千七十四石二斗九升九合賑大小饑民六萬八千三百五十五口給銀一萬二百五十一兩米九千六百四十九石九斗

四年秋有年

五年夏稔麥秀兩歧秋瀕江沙洲青蟲食苗節勘不成災

六年七月颶風起沙洲潮溢民舍漂沒

七年秋稔

八年夏麥稔五六月淫雨低鄉被淹高田大稔

九年夏麥稔十月李樹花

十四年南門外有賃屋居者牀帳皆有血保鄰聞之官訊無所得疑揣間血復從地仰射發而視之竟莫知其所以然

十八年七月有星如月從西墜有聲

二十年秋大水蟲食稼八月寒霜早降禾苗盡枯民疫勘報八分災田一萬八千三百五十畝七釐六分五分災田三十二萬八百四十七畝四分五釐勘不成災田一十二萬三千一百七十四畝五分八釐蠲免地丁損腳俸工等銀二千八百八十三兩七錢九分三釐兵恤米六十三石三斗三升五合六勺並損發義賑

二十一年大疫

二十二年大有年圩田倍收

二十四年秋淫雨成災勘報五分災田四十四萬九千三百畝一分勘不成災田一十九畝七千四百二十一畝蠲免地丁損腳俸工等銀三千二百一十九兩八錢九釐兵恤米七十四石四斗八升三合四勺

二十九年五月地震

三十一年四月大風雨以雹西南城外吹倒石坊一座拔起大樹二株勘報五分災田三萬二千畝勘不成災田一萬三千畝蠲免地丁損屬俸工等銀二百六十一兩六錢七釐兵餉米三石八斗四升六合三勺

三十三年三月大雨雹積地盈尺秋大旱苗不實西鄉尤甚勘報五分災田一十萬三千畝勘不成災田三萬八千畝蠲免地丁損屬俸工等銀九百三兩一錢二釐兵餉米一十三石二斗七升八合

三十四年雨雹傷禾勘報七分災田九千八十七畝四分三釐六分五分災田三萬二千二百一十一畝六分二釐勘不成災田二萬八千七百五十一畝九分四釐蠲免地丁損屬俸工等銀三百七十四兩四錢一分一釐兵餉米五石五斗四合九勺

三十六年大風雨扁擔沙飄沒四五十家

三十八年春夏大雨二麥俱壞秋歉收

三十九年四月金星晝見麥歉收夏旱苗槁秋蝗勘報五分災田九萬五千六百畝一分九釐勘不成災田二萬二千八百七十八畝四分六釐蠲免地丁損腳俸工等銀六百九十九兩二錢八分四釐兵恤米一十石三斗一升三合四勺

四十年夏蝗秋大旱河流絕高下俱災勘報七分災田一十萬二千八百二十二畝一分七釐六分災田一十五萬六千九百一十七畝三分勘不成災田一十八萬六千五百二十三畝蠲免地丁損腳俸工等銀七千一百一十九兩六錢三分六釐兵恤米一百一十三石二斗八升四合二勺賑大小饑民一十一萬八千五百八十口給銀二萬七千三百九十一兩二錢七分五釐

四十六年六月大雨颶風並作江潮溢沙洲及瀕江廬舍俱壞居民淹斃甚眾

五十年正月朔日食五月至八月不雨河流涸絕高下俱

災民無食勘報六分五分災田六十七萬九千五百三畝三分勘不成災田一十一萬五千九百九十六畝五分三釐蠲免地丁損腳漕項俸工等銀六千五百一十五兩一錢一分二釐漕糧行月兵恤等米三千七百五十二石七斗七合一勺賑大小饑民一十七萬七千九百七十八口給銀二萬二千三百二十五兩並捐發義賑

五十一年正月朔日食歲饑民食草根樹皮夏大疫

五十二年秋稔

五十三年夏大水晚禾傷

五十八年夏大水馬家圩成災緩征本年錢糧

五十九年七月大風雨拔木沙洲圩岸衝坍

六十年正月朔日食

嘉慶元年正月大雪寒甚冰柱長幾至地樹木凍死

四年日月合璧五星聯珠

六年秋稔

十二年夏旱

十五年正月朔立春

十六年秋八月有星孛於斗柄之西長二三尺漸移而南光芒數丈

十九年大旱七月中河水涸絕河底俱坼地生毛野蠶食松斂幾盡歲大歉勘報七分災田七十五萬六千一百八十九畝八分七釐勘不成災田六

萬三千一百九十六畝八分八釐蠲免本年銀米十分之二賑大小饑民一十八萬三千七百二十九口給銀二萬九千八百二十兩一錢五分並捐發義賑

二十二年三月四日夜興國寺浮圖災

二十四年夏旱高阜災勘報勘不成災田二十一萬八千二百六十畝五分九釐緩徵本年銀米十分之二

二十五年夏旱七月天漢中光長丈餘有聲移時滅沒

道光元年四星聚於壁夏秋大疫村里中數日之間有連斃數十人者有一家數口盡歿者

三年夏大水被淹之家用小舟泊於屋內男女老幼食宿其中沙洲廬舍漂坍幾盡九月水始退魚蝦甚夥入以

為糧勘報九分災田二十一萬三千一百七十二畝六分七釐蠲免本年銀米十分之六八分災田九萬八千三十一畝二分九釐蠲免本年銀米十分之四七分災田五萬九千九百四十六畝七分八釐蠲免本年銀米十分之二勘不成災田一千三百九十六畝四分七釐賑大小饑民一十五萬七千五百五十三口給銀五萬二千二百四十四兩四錢並捐發義賑

四年十一月大風江船覆溺者甚多港口積尸無算

五年八月星孛於胃昴之南北指光長丈餘經月乃滅

七年九月有紅白暈圍日四旁又有貫於日中者至暮始沒

九年正月朔立春七月旱

十一年夏大雨盈尺江湖暴漲水高於田秋霜早降田禾

災勘報五分災田二十萬六千二百九十六畝三分八
釐勘不成災田二十三萬五千一百六十七畝七分
四毫蠲免本年銀米十分之一
並緩徵舊欠銀米捐發義賑

十二年冬大雪

十三年春夏陰雨麥稔七月風潮大作日光黯慘作淡綠
色十月雷雨兼旬稼傷成災勘報勘不成災田二十八
萬四千五百一十七畝九
釐緩徵本年銀米二分五釐分作二
年帶徵並緩徵歷年舊欠捐發義賑

十四年秋大雨市可行舟

十六年秋飛蝗自北而南多集江涯山足嚙食草根穀大
稔

十七年夏蝗復生不爲災六月烈風暴雨有龍自西北經

東南江船泊浮橋內者衝破屋壁入人家大木斯拔縣治屋脊壞

十八年十一月城西隅火流自天色青赤有聲如是者四次

十九年正月大雪盈尺三月大雨雹積地二三寸四月復雨雹觀山農人有獻兩歧麥者署縣陳延恩卻之而給匾其家九月苦雨兼旬晚禾半傷勘報勘不成災緩徵本年銀米二分四釐

二十年春地震五月大水歲大歉

二十一年春太白晝見天槍見西南秋熒惑守心冬大雪除夕聞雷

二十二年四月雨雹
二十三年三月地震
二十四年十月十三日地震
二十八年夏日有璺裂紋八月大風潮溢九月地震
二十九年四月二十九日城陷西北隅數十丈五月至六
月淫雨數晝夜海潮溢田禾淹沒民大饑
三十年元旦有黑氣貫日
咸豐元年八月地震江水鬬
二年正月日入後有黑氣自西而東逾月
三年二月地震兩次彗星見八月又震

六年春地震夏彗星見地生毛六七月不雨高低田災

七年三月螭生天忽大雷雨狂風捲入江中不爲災

八年五月彗星見半月餘方滅

十年二月地生毛閏三月大雪盈尺彗星見四月十三日

髮逆陷江陰

十一年六月天上有聲夏秋彗星見八月丁巳朔日月合

璧五星聚軫

同治二年八月初二日克復江陰

三年正月至四月大疫七月太白晝見

六年八月雨雹大風

七年夏淫雨江湖水漲禾田被淹原續墾田內被淹田一萬五千七百四十二畝二釐除上忙已完不計外蠲免下忙漕米六年分墾田內被淹田四千八百八十九畝一分五釐全予蠲免

八年大水低田災原續及六年墾田內被水復淹田一萬六千六百六十畝二分三釐上下忙漕米全蠲又被水漸淹田四萬七千二百五十七畝九釐除上忙已完不計外蠲免下忙漕米及七年墾田內被淹田六千六百十五畝上下忙漕米全蠲

十年五六月亢暘大風稼傷成災原續墾田內被旱田二萬四千六百九十五畝六分除上忙已完不計外蠲免下忙漕米

十一年三月朔雨雹

十二年夏秋亢旱大風田禾被災原續及六七九年墾田內被旱田二十七萬九千六百七十四畝九分四釐上下忙及漕米全蠲已完上忙流抵次年新賦

十三年六月彗星見十一月朔太白蝕日

光緒二年夏秋旱歲歉原續墾田內被旱田十一萬八千二百九十七畝一釐上下忙漕米全蠲已完上忙流抵次年新賦十三年報墾田內被旱田三萬六千四百七十八畝三分七釐劃子蠲免太白晝見去日丈許十二月地震

三年四月不雨五月大風發屋拔木蝗未成災

江陰縣志卷之八終

陳思修　繆荃孫纂

【民國】江陰縣續志

民國十年(1921)刻本

大事表

年代	時政	兵事	災異
周	季札來耕		
楚	黃歇來就封開申港		
晉太康二年	置暨陽縣分自毗陵		

七年

十二月己亥大雷電南沙司鹽都尉戴亮以聞輔國將軍孫無終家于暨陽地坼出二狗

安帝隆安初

梁

廢江陰郡改江陰縣徙治築城

陳	建國遷梁敬帝爲江陰王旋薨國除		
隋	龍鄉并縣		
唐武德三年	置暨州分縣爲二曰暨陽利城		
九年	省州并縣復曰江陰		

垂拱中	建中二年	會昌四
		升縣爲望
	李希烈作亂韓滉大閱舟師至中浦	
黃龍見於縣東三日始沒今名盤龍山		

年	吳	南唐昇元中	宋淳化
	改築城	初建軍	改軍為縣
	徐溫禦越師	羅晟禦周師	

元年

三年　復縣爲軍

天禧五年　知軍崔立浚開橫河四十九里溉農田四千餘頃

蝻蟲生

天聖　有佛象泛海來延泛海觀音院

年份	事件		
元年			
崇禎三年	遷建文宣王廟舊廟鄰於獄		
熙甯四年	復升為縣		

年	沿革	事
建炎二年	復縣爲軍	喬仲福來屯
建炎三年		劉光世韓世忠來屯
紹興元年		水軍統制邵青叛六月犯江陰軍之福山

年			
五年			大水
六年	初建軍學		
二十七年	改軍爲縣府志作十五年	李賀來屯僉兵入寇寶戰敗之	
三十年	改縣爲軍府志作三十二年		

一年	隆興二年	乾道元年
		知軍徐蒧疏減租 貫絹十之三
	李寶復來屯	
	七月大水壞田 廬舍行街市	六月水壞圩田

五年	六年	湻熙七年	紹熙
			蠲放和買絹
馮湛來屯	李彥椿來屯既而移屯平江之許浦	許浦分軍還屯	

二年		
五年	知縣施道創編縣志	大旱民飢食草木
慶元元年		[illegible]之食
六年		大旱水竭乏食

嘉定十一年			旱蔬麥皆枯
十三年	置小學弟子員		
十六			五月大水秋江漲漂溺民居

年		
紹	知軍顏耆仲修縣	李全犯海陵知軍
定	志	史得之節制諸軍
三	行義役法不知何年附見	戕嚴
年	於此	
五	舉行鄉飲酒禮	
年		
咸		蒙古入寇發判通
淳		眞珂戰敗之焚其
中		舟千餘

德祐元年

三月令淮東制置司徙淮東總領所於江陰軍

二月知軍鄭端乘城遁

十月元參政黃文炳范文虎將左軍入江陰朱麻士龍戰死虞橋攝守李世修簽判陸焕以軍降行安撫司事

元至

修復江陰城

、

元十一年

十二年 依舊道軍行安撫司事

十四年 升爲江陰路總管府

二十八年	大德四年	至正
改江陰路爲上州		
		明遣趙繼祖侵江陰敗張士誠軍於
	七月江水溢漂沒民居江陰尤甚	十月六日地起白虹是日江陰

十七年

秦望山遂陷江陰陷
朱定作亂吳良討
之定求救於張士
誠張遣別將擊江
陰州知事李道存
以城降旋復降明

二十八年

建澄江書院

明洪武二年	三年	十二
太祖來幸降州為縣	設社稷風雲雷雨山川壇又建邑厲壇	
		大旱

年			
二十四年	縣丞賀子徵重修縣志		
二十九年			大旱
建			大旱地震

文三年	永樂三年	十七年
		訓導陳贇修縣志
	大水	

正統三年	景泰五年	天順
夏旱秋大水	正月大雪盈尺 茶麥凍死	大水

年份	記事		記事
四年			
七年			大水
成化八年	割縣之馬馱沙置靖江縣		
弘治			山里定綺諸山一時迸裂水泉

年			
三年			沥出
十一年	知縣黃傅修縣志		
正德元年	知縣劉紘修城明年寇至得不陷		
五			大水

年		
七年		劉六劉七犯江陰郡守李嵩來救敗之賊退至狼山
十五年	知縣王丼續修縣志	
嘉靖二	知縣趙錦修縣志	

十七年

三十一年

知縣錢鎮修城完

北關之鈇倭屢至

城無恙

三十四年

倭來犯知縣錢鎮

戰死於九里河

年	三十五年	三十七年	三
		修楊舍城	
	倭圍城主簿曹延懸絜之四十日援兵至解去		
			大水

十八年	萬曆四十一年	崇
	學道移駐江陰	
		烈風淫雨湖神

禎五年			打岸漂舍溺人畜田禾傷濱江尤甚
十三年	知縣馮士仁修縣志		
清順治二	縣丞卞化龍修城	七月江陰城守八十日陷兵民死者十餘萬人	

年		
八年		淫雨六晝夜禾苗盡淹
康熙十年		五月連雨不絕蔬禾盡沒
十五年		五月至六月大雨

年份			
二十二年	知縣沈澔世修縣志		
雍正三年	設社倉		
十年			七月黃霧蔽天颶風大作江潮

泛溢聲震山谷拔木毁屋平地出水數尺繼以暴雨不休南北兩門水及城板北外浮橋漂沒傍橋里餘民舍皆壞瀕江及各沙溺死居民數千人禾稼迎根

年份	一	二	三
（續）			埽蕩爲數百年未見之災
乾隆三年			學宮銀杏自焚幸未延災
九年	知縣蔡澍修縣志		
三十		西鄉農人因災鬨旱災縣堂學使捐福撫	

三年

慰之遂散巡撫彭寶欲用兵勸其以饑民湊到於彭寶以民亂奏之先前學使曹秀先又以災對遂誅爲首之洸天益吉附法二人餘悉宥

三月興國寺浮

嘉慶

閙災

年		
二十二年		
道光元年	學使姚文田亟改學前河	夏秋大疫有連斃數十人者有一家數口盡歿者
三年		大水

年			
十三年			大水
二十年	知縣陳延恩修縣志		
二十一年		英人破吳淞英船直泊北門時城內無兵知縣金咸與之約弗登岸擾民	

	二十九年	咸豐三
如泛糴米罰行戶價之英人如約人心稍定		嘗鎮爲粵逆所陷守鎮江之江蘇巡撫楊文定逃至江
	大水城陷數十丈	

年		
年	陰城鄉大震縣令羅榮勸諭守禦撫定之	
五年		大疫
六年		大旱運河應天河底皆乾裂
十年	粵逆日逼辦團練四月六日常州陷西鄉團練吳英繆	

同治二年

樹棠迎戰兵潰陣
亡城遂陷五月東
鄉團練王元昌攻
城不克四鄉被賊
蹂躪殆徧

巡撫李鴻章遣將
李鶴章劉銘傳等
攻江陰先克楊舍
八月克城賊首李
懺順斃於河餘向

三年　黄田港設海關

四年　重建學署

六年　知縣汪坤厚濬横河並建學宮忠義祠

七年　汪坤厚建祠祀劉陳馮三公

年		
十一年	知縣林達泉重建書院改暨陽為禮延建社倉六	
十三年		建黃山礮臺
光緒二年	知縣沈偉田修縣志	

年	上欄	中欄	下欄
八年	建南菁書院		
十一年	醇王將閱礮臺延館舍後不果來		
十六年			大水 大橋鎮農家産子一身兩首
二十	改書院爲學堂		

年	事
六年	
二十九年	歷江蘇學政
三十四年	開縣議會

宣統三年

九月二十日樹白旗稱光復

秋大水北城陷十餘丈

【康熙】鎮江府志

（清）高德貴修
（清）高龍光增修
（清）張九徵纂

清康熙二十四年（1685）刻本

鎭江府志卷之四十三

祥異

祥異之志猶史家之有天官五行也漢董仲舒劉向之徒取皇極庶徵附于五行牽連考驗所以言祥異者甚備而公孫弘之對策有曰心和則氣和氣和則形和形和則聲和聲和則天地之和應矣故陰陽和甘露降五穀登六畜蕃嘉禾興朱草生山不童澤不涸此和之至也然則人事之相為感召誠有不可誣者與顧陽九百六載於太乙府後顧祥而亦未嘗不屢遇于舜禹成康之世舜禹得

百六之數凡七成康得百六之數凡十一焉漢文帝時一日而山裂者二十九又四年六月大雨雪而鳳皇之出反一見於桓之元嘉再見於靈之光和此何以故毋亦所謂祥異者或沓遝雜稽而人事之修救則斷斷乎不可以忽與自有鎮江以來所見祥異歷代都有謹詳于左以備法戒然則召和氣弭灾沴盲風怪雨可變而爲景星卿雲是誠大人君子所當引爲已任者也抑又聞之賢才國家之楨瑞使名賢碩德比肩接踵于郡國之間文章功業彪炳寰宇則其爲祥也大矣雖令麒麟鸞

鷟醴泉芝草日生郊藪之間亦何足以踰之若夫城狐社鼠作奸犯科以弗利于我郡國是眞鬼車檮杌之尤吾郡國無少長咸當共爲祓除以避不祥者也彼偶然雨雹蝗蝝之類爲灾猶小亦何不祥之有志祥異

吳黃武二年五月曲阿甘露降

赤烏十一年雲陽黃龍見

晉永嘉五年蝘鼠出延陵

大興三年四月白鹿見南東海丹徒

咸和六年五月癸亥曲阿有柳樹枯倒六載是日忽

復起生

昇平二年晉陵等五郡大水稻稼傷饑甚

太和六年晉陵等五郡大水

太和中劉波居京口晝寢屏風外吧咤聲見一狗蹲地而語語畢自去

太元十七年六月甲寅京口西浦濤入殺人

太元末王恭鎮京口民間謡曰黃雌雞莫作雄父啼一旦去毛衣衣被拉飄栖又曰黃頭小兒欲作賊阿公在城下指縛得又云黃頭小兒欲作亂賴得金刀作蕃扞黃字頭恭字上也小人恭字下也恭尋起兵

誅王國寶旋爲劉牢之所敗

元興三年三月己卯丹徒甘露降

宋永初元年九月庚辰甘露降丹徒

元嘉十七年八月徐兗青冀四州大水

元嘉十八年六月白燕產丹徒縣南徐州刺史南譙王義宣以聞

元嘉二十一年徐兗青冀四州大水

元嘉二十六年二月辛京口有黑氣暴起占有兵明年魏南寇至瓜步飲馬于江

元嘉二十七年五月甲戌甘露降東海丹徒又白燕

產京口南徐州刺史始興王濬以聞

元嘉中徐湛之爲丹徒尹夜西門內有氣如練西南指長數十丈又白光覆屋良久而轉駛乃消

孝建元年正月庚申鳳凰見丹徒懸賢亭雙鵠爲引衆鳥陪從

孝建閒南徐州大風飛屋瓦城門倒覆

大明四年[illegible]徐州南兖州大水

泰始二年九月庚寅青雀見京城

泰始三年五月癸酉白麞見東海丹徒

泰始三年十一月癸亥甘露降南東海丹徒建聞

齊永明八年延陵縣前澤中獲毫龜二枚

永明九年曲阿縣民黃慶有園園東南廣袤四丈許每種菜雖加採拔隨復更生夜中嘗有白光皎質屬天掘深三尺得玉印一文曰長承萬福

中興元年十二月乙酉甘露降茅山彌漫數里

梁天監元年鳳凰集南蘭陵

普通中龍鬬於曲阿王陂因西行至建陵所經處木皆折開數十丈

大同十年夏有龍夜因雷而墮延陵人家井中明旦視之大如驢將以戟刺之俄見庭中及室中各有大

蛇如數百斛船家人奔走
中大同元年春曲阿縣建陵隧口石辟邪起舞有大
蛇鬪隧中其一被傷奔走青蟲食陵樹葉略盡是年
邵陵王綸在南徐州卧内方晝有狸鬪於櫚又有野
鳥如鵲者數百飛屋梁上彈射不中餓頃失所在
太清元年送石辟邪二於建陵左雙角者至陵所右
獨角者將引於車上振躍者三車兩轅俱折未至陵
二里所又振躍者三每一振躍車輪陷入地三寸是
年丹陽有莫氏妻生男眼在頂上墮地言曰兒是旱
疫鬼自是旱疫二年

陳紹泰二年二月甘露降京口或至三數升大如芡
子

隋大業十三年有石自江浮入於揚子

唐大足元年七月乙亥揚楚常潤蘇五州地震

開元九年七月丙辰潤州暴風雨伐屋拔木

開元十四年潤州大風自東北湧海濤沒瓜步

貞元二年潤州魚體蔽江而下皆無首

貞元十四年潤州有異氣如隄自海門山橫亘江中
與北固山相峙又有白氣如虹自金山出與黑氣交
將旦而沒

永貞元年潤州旱
永貞二年二月虹入潤州大將張子良宅初入漿甕
漿盡入井飲之
元和四年十一月潤州旱
元和七年夏潤州旱甲仗庫災
元和十一年潤常諸州水害稼
寶曆中甘露降北固山時李德裕建寺因以爲名
大和七年十月辛酉潤州水害稼
會昌元年江南大水
大中十二年潤州水害稼

光啟元年正月潤州江水赤凡數日

光啟中金山寺西石上有異獸狀如牛無角長可數十丈色黃而毛引首顧望城中久之復回顧廣陵寺觀者漸衆方躍入水波濤洶湧如衆車馬聲頃乃止

後唐太清二年徐知誥鎮潤州游蒜山連虎皮爲大幄與賓僚會飲其中忽暴風至帳裂盡碎如蝶翅蜀估所獻雉頭裘亦失去

晉天福某年潤州市大火

宋端拱元年五月潤州雨雹傷麥

大中祥符二年夏潤州旱

天聖六年七月揚眞潤三州江水溢壞廬舍

天聖中近輔獻龍卵詔送金山置藏之是歲大水金山廬舍飄者數十間

熙寧六年潤州饑

熙寧八年八月江南諸路旱

元豐四年七月潤州大風雨溺居民毀廬舍損田稼

元祐三年潤州丹陽縣麥一本五穗

宣和初蔡祐以雕事至三茅謁陳彥英陳云近山牧

月前雷雨空中墜下一小兒十餘歲兩目不開遍

皆毛其腥逆鼻村人聚觀間忽陰雨四合雷震一

遂失所在恐是雷神中物

紹興元年秋七月乙未朔浙西大帥劉光世以秸桔生穗爲瑞奏之高宗曰歲豐人不乏食朝得賢輔佐軍中有十萬鐵騎此外不足瑞也

紹興三年七月淮西鎮江襄陽雨害禾麥

紹興四年鎮江旱

紹興六年七月壬子潤州江水溢壞官私廬舍

紹興七年二月辛丑鎮江府火

紹興十二年二月辛巳鎮江大火燔倉米數萬石芻六萬束民居焚者尤衆

紹興十九年鎭江旱

紹興二十七年鎭江大水

紹興二十八年九月沿江海郡縣大風水溢潤州爲甚

紹興二十九年四月鎭江火焚軍壘民居

隆興二年蘇湖常秀潤等州大水民艱食

乾道元年二月行都平江鎭江紹興湖常秀州寒敗首種損蠶麥大饑

淳熙二年鎭江旱艱食

淳熙五年鎭江旱

淳熙七年鎮江大旱饑

淳熙八年鎮江旱

淳熙九年潤州旱七月淮甸大蝗真揚諸郡日撲蝗數十車群飛絶江墮鎮江府害稼

淳熙十二年耿秉作守因建炎失印借用觀察使印至是言於朝詔思文院重鑄府印給印之日僚吏祗拜受賀視之府字畫偏識者曰使君必不久於此當移他郡纔一月果徙四明二年之間葢經張杓張子顔連溢玆土吳琚兼領亦數月其或召或罷鮮有滿兩歲者

淳熙十四年鎮江旱

淳熙十六年六月庚寅鎮江大雨水五月入其郛浸軍民壘舍三千餘區

紹熙三年七月壬申鎮江大水害禾麥

紹熙四年五月辛未丙子鎮江府大雨水浸營壘六千餘區

紹熙五年鎮江大旱人食草木

慶元六年鎮江大旱水竭

慶元六年冬潤州乏食

嘉泰二年鎮江大旱又蝗自丹陽入武進飛常蔽天

數十里

開禧二年秋潤州大歉

開禧十七年鎮江府饑郡爲糜以賑者日千餘人

嘉定元年四月鎮江後軍妻生子一身二首四臂

嘉定二年鎮江大旱

嘉定十一年鎮江旱蔬麥皆枯

元至元十五年鎮江民家豕生豚如象形

至元二十八年三月鎮江饑

至元二十九年六月鎮江水

元貞元年五月鎮江丹徒金壇等縣水

大德元年九月鎮江丹徒蝗

延祐三年十一月鎮江饑

至治二年十一月鎮江饑

泰定元年七月乙亥揚楚常潤地震

泰定二年四月鎮江饑

天曆元年八月鎮江水没民田

至順元年六月鎮江饑

至正五年四月丹徒縣雨紅霧草木葉及行人衣皆濡成紅色十二月乙丑地震

至正六年鎮江旱

至正七年十一月丹陽地震

至正十一年鎮江旱

至正十五年鎮江旱

明洪武三年丹陽孫宗彝田名千石塘産瑞麥一莖五穗

洪武五年金壇東門劉鑑堂後産靈芝一本九莖

正統五年丹陽金壇大水

景泰五年丹徒丹陽金壇大水

景泰六年三縣大旱蝗丹陽尤盛

成化五年丹陽金壇大水

成化八年三縣大水

成化十七年三縣先旱後澇斗米百錢

弘治元年二年三縣大水

弘治六年秋金壇有白鵲巢於西禪寺樹飛鳴上下
群鴉隨之

弘治六年金壇縣北村落間野蚕作繭纍纍綴於桑
柘之枝比屋皆然

弘治十五年丹陽延陵鎮麥一莖兩穗金壇亦多有
之而岳陽村尤盛是年金壇有白龍見於雲表橫亘
數十里

弘治十六年丹陽金壇大旱

弘治十八年九月十三夜子時地震屋盡搖

正德元年二年鎮江大旱河底生塵餓殍塞道

正德五年五月狂風淫雨經月不止廬舍垣墻傾圮殆盡漂溺不可勝數

正德六年七年鎮江大水

正德十一年金壇大水

正德十五年丹陽金壇大水

正德末年北固山下有群蜂擁蜂王出游遇鷙鳥擊殺之群蜂環守不去數日俱死楊公一清聞之令瘞

僮瘞焉表曰義蜂塚爲文以祭
嘉靖二年鎮江三縣春夏大旱處暑後大水斗米百
錢
嘉靖五年六年旱蝗蘆荻篠蕩爲之一空幸不食苗
稼
嘉靖十一年鎮江大水
嘉靖十六年四月金壇麥有一莖三穗者有一本一
莖兩穗者其年稔
嘉靖二十二年鎮江大水
嘉靖二十三年大旱至二十五年四月方雨斗米之

錢

嘉靖三十一年大水

嘉靖三十五年冬丹陽地震次年倭寇至城下

嘉靖三十七年金壇大水

嘉靖三十八年大旱河底生塵

嘉靖四十年大水民居水至半壁粒米無收自後連水災者六年

隆慶三年七月江潮卒湧平地水高丈餘沿江洲沙溺死居民不計其數廬舍漂没殆盡

萬曆五年金壇大水

萬曆六年八月內禾生蜚苗皆黃萎秀而不實次年亦如之

萬曆七年鎮江大水八年尤甚

萬曆九年八月大風拔木飛瓦甘露寺鐵塔折九月十月地震者六

萬曆十七年大旱斗米二百錢前後三年大疫

萬曆二十一年丹徒唐里灣民朱旺一家牛產麟先是旺一家每夜有赤光上騰如火麟產後不復見其狀通體鱗紋色青黑玉頂光潤氤氳若雲氣然目紅色頷下有髯項皆細鱗具九孔臍以後具六孔一寸

排列背腹皆巨鱗橫列長而稍方腹下微紅其腰脊近尾處一巨鱗上有紋橫五豎一如王字形尾皆細鱗尾稍一全鱗裹毛四足亦細鱗近蹄二寸無鱗惟有紋二三見而已甫生聲如洪鐘衆咸指爲怪斃而瘞焉越日鄉人殷士望等聞知往啓而濯之傷悼良久繪爲圖郡侯王公應麟命瘞于北固山二賢祠左作圖說

萬曆二十二年金壇周莊村民湯培田瑞禾一莖九穗既刈復生

萬曆二十四年三縣先旱後大水金壇尤甚父老以

爲不減嘉靖四十年

萬曆二十五年春朱旺一之族其家牛復產一麟其牛即前產麟者之子也麟狀大如前麟微有毛目赤若流丹額有紋如王字近蹄細鱗尤整客餘皆同前生數日死亦瘞北固山爲雙麟塚五歲再育麟亦近古未有云

萬曆三十三年郡華山裂下視昏黑又天鳴累日聲如怒濤

萬曆三十六年大水

天啓二年十二月二十二日地震

天啟四年五月大水歲大祲六月初五日大寒夜微雪十一月初八日大暑人裸體三日

天啓五年大饑人採櫧樹皮食之

天啓六年六月初三日蝗渡江南秋大旱歲大祲人食樹皮

天啟七年大饑有道人取石手捻爲粉作餅示饑者人因爭取食之名觀音粉秋大旱生異虫狀如蟬食禾根禾盡死

崇禎元年正月望日雷

崇禎三年二月大雨雹三月四月又大雨雹傷麥及

人破屋折樹鳥獸死九月復雷雹

崇禎五年六月天甚寒人多衣綿者是年大旱

崇禎七年四月大雨雹七月蝗冬十一月二十九日

大熱十二月五日大雨雪震雷及雹

崇禎八年春三月雀飛滿天食麥幾盡

崇禎九年正月望日雷二十八日又雷雹是月桃李

花

崇禎十一年蝗是年大饑

崇禎十二年四月蝗是月每夜聞天有聲如泣

崇禎十三年有人食人之謠上元日民間爲米粉人

食之以應是年旱蝗民多疫果有人相食之事

崇禎十四年春疫甚大旱五月蝗蔽天穀極貴饑殍載道

崇禎十五年蝗

崇禎十七年春民間有羊毛瘟疾多死七月十八日北來鼠數萬啣尾渡江次年春丹徒城中民家産一子三頭頭有二角三目二口四臂聲如野獸溺之死

國朝順治八年丹陽縣麥秀雙岐

順治九年大旱

順治十六年五月中戌時有黑氣從江北瓜渚飛捲

而來且有聲阜壓郡城一二刻方消盡未幾海寇陷

城

順治十八年秋郡南門內民家釜中煮水開釜見有

服貴官冠裳人長七八寸坐沸水中

康熙七年六月十七日戌時地震先數日微震一二

次是夕震甚山動搖江河之水皆爲鼓盪停泊之舟

多覆溺城內外震倒牆屋無筭

康熙九年初夏郡城東鄉見一龍自黃墅橋至圩裡

首尾共長四五里許復伸至華山約又十餘里[illegible]

閃動中露紅色震傾民房屋數百間

康熙十年五月十八日未時有二龍去地僅十數丈自西而東若相戰鬬狀所過四擠山桃莊南渚菴前潘家村戴港埤城諸村鎮震傾房屋數百家震壓男婦死者數百人傷而未死者尤衆而埤城爲甚埤城大樹拔起從空中紛碎落下有人爲龍氣挾去飄五六里墜地竟未傷桃莊河内泊大舟亦挾之而上板木亦從空紛碎落下是年大旱

康熙十一年蝗蔽天夏五月十八日金壇龍起白龍廟拔屋折樹過南店南埝至小墟多傷人所過蘆宿盡偃

康熙十二年呂城有鳥千百爲羣遶林飛鳴不去或怪之遂迹其下獲一大鳥毛羽五色燦爛如鳳凰北山朱光遠家產一羊僅一角一目隨斃

康熙十六年丹陽縣東七十里林中見異鳥高六七尺舒吭約丈餘啄食雞鳧居民擊斃之沉綠色羽長三尺餘分啖其肉輒病有死者

康熙十七年春霪雨夏秋旱

康熙十八年三縣大旱民屑榆樹皮食

康熙十九年三縣大水沙潮田無禾金壇尤甚民屑樹皮草以食枕籍死道路十二月地震

康熙二十年正月人日龍見呂城時日午晴霽鱗甲炯灼色上黄下微紅十二月三縣雨雪中雷電作

康熙二十一年秋七月丹徒霜傷禾

康熙二十二年春霪雨夏無麥冬十二月九日雷電交作

康熙二十三年春正月八日雷電時雨雹大工雪後雷復鳴

【乾隆】鎮江府志

（清）高得貴修　（清）張九徵等纂、朱霖等增纂

清乾隆十五年（1750）增刻本

祥異

祥異之志猶史家之有天官五行也漢董仲舒劉向之徒取皇極庶徵附于五行牽連考驗所以言祥異者甚備而公孫宏之對策有曰心和則氣和氣和則形和形和則聲和聲和則天地之和應矣故陰陽和甘露降五穀登六畜蕃嘉禾興朱草生山不童澤不涸此和之至也然則人事之相爲感召誠有不可誣者與顧陽九百六載於太乙肘後頌詳而亦未嘗不屢遇于舜禹成康之世舜禹得

百六之數凡七成康得百六之數凡十一焉漢文帝時一日而山裂者二十九又四年六月大雨雪而鳳皇之出反一見於桓之元嘉再見於靈之光和此何以故毋亦所謂祥異者或杳邈難稽而人事之修救則斷斷乎不可以忽與自有鎮江以來所見祥異歷代都有謹詳于左以備法戒然則召和氣弭災沴盲風怪雨可變而爲景星卿雲是誠大人君子所當引爲已任者也抑又聞之賢才國家之楨瑞使名賢碩德比肩接踵于郡國之間文章功業彪炳寰宇則其爲祥也大矣雖令麒麟鸑

露醴泉芝草日生郊藪之間亦何足以諭之若夫城狐社鼠作奸犯科以弗利于我郡國是魌鬼車檮杌之尤吾郡國無少長咸當其爲祓除以避不祥者也祓偶然雨雹蝗蝝之類爲灾猶小亦何不祥之有志祥異

吳黃武二年五月曲阿甘露降

赤烏十一年雲陽黃龍見

晉永嘉五年蝘鼠出延陵

大興三年四月白鹿見南東海丹徒

咸和六年五月癸亥曲阿有柳樹枯倒六載是日忽

復起生

昇平二年晉陵等五郡大水稻稼傷饑甚

太和六年晉陵等五郡大水

太和中劉波居京口晝寢屏風外咆哮聲見一狗蹲地而語語畢自去

太元十七年六月甲寅京口西浦濤入殺人

太元末王恭鎮京口民間謠曰黃雌雞莫作雄父啼一旦去毛衣衣披拉颯栖又云黃頭小兒欲作賊阿公在城下指縛得又云黃頭小兒欲作亂賴得金刀作藩扞黃字頭恭字上也小人恭字下也恭尋起兵

誅王國寶旋爲劉牢之所敗

元興三年三月己卯丹徒甘露降

宋永初元年九月庚辰甘露降丹徒

元嘉十七年八月徐兗青冀四州大水

元嘉十八年六月白燕產丹徒縣南徐州刺史南譙王義宣以聞

元嘉二十一年徐兗青冀四州大水

元嘉二十六年二月幸京口有黑氣暴起占有兵明年魏南寇至瓜步飲馬于江

元嘉二十七年五月甲戌甘露降東海丹徒又白燕

進京口南徐州刺史始興王濬以聞

元嘉中徐湛之爲丹徒尹夜西門內有氣如練西南指長數十丈又白光覆屋良久而轉駛乃消

孝建元年正月庚申鳳凰見丹徒慰賢亭雙鵠爲引衆鳥陪從

孝建間南徐州大風飛屋瓦城門倒覆

大明四年南徐州南兖州大水

泰始二年九月庚寅青雀見京城

泰始三年五月癸酉白雀見東海丹徒

泰始三年十一月癸亥甘露降南東海丹徒建岡

齊永明八年延陵縣前澤畔獲毫龜二枚

永明九年曲阿縣民黄慶有園園東南廣袤四丈許

每種菜雖加採掇隨復更生夜中嘗有白光皎質屬

天掘深三尺得玉印一文曰長承萬福

中興元年十二月乙酉甘露降茅山彌漫數里

梁天監元年鳳凰集南蘭陵

普通中龍鬬於曲阿王陂因西行至建陵所經處木

皆折開數十丈

大同十年夏有龍夜因雷而墮延陵人家井中明旦

視之大如驢將以戟刺之俄見庭中及空中各有大

蛇如數百斛船家人奔走

中大同元年春曲阿縣建陵隧口石辟邪起舞有大蛇鬬隧中其一被傷奔走青蟲食陵樹葉畧盡是年邵陵王綸在南徐州卧内方晝有狸鬬於櫚又有野烏如截者數百飛屋梁上彈射不中俄頃失所在太清元年送石辟邪二於建陵左雙角者至陵所右獨角者將引於車上振躍者三車兩轅俱折未至陵二里所又振躍者三毎一振躍車輪陷入地三寸是年丹陽有莫氏妻生男眼在頂上墮地言曰兒是旱疫鬼自是旱疫二年

陳紹泰二年二月甘露降京口或至三數升大如奕棋子

隋大業十三年有石自江浮入於楊子

唐大足元年七月乙亥楊楚常潤蘇五州地震

開元九年七月丙辰潤州暴風雨伐屋拔木

開元十四年潤州大風自東北澇海濤没瓜步

貞元二年潤州魚鱉蔽江而下皆無首

貞元十四年潤州有黑氣如隄自海門山横亘江中與北固山相峙又有白氣如虹自金山出與黑氣交將旦而没

永貞元年潤州旱

永貞二年二月虹入潤州大將張子良宅初入漿甕

漿盡入井飲之

元和四年十一月潤州旱

元和七年夏潤州旱甲仗庫灾

元和十一年潤常諸州水害稼

寶歷中甘露降北固山時李德裕建寺因以爲名

大和七年十月辛酉潤州水害稼

會昌元年江南大水

大中十二年潤州水害稼

光啟元年正月潤州江水赤凡數日
光啟中金山寺西石上有異獸狀如牛無角長可數
十丈色黃而毛引首顧望城中久之復回顧廣陵寺
觀者漸衆方躍入水波濤洶湧如衆車馬聲項乃止
後唐太清二年徐知誥鎮潤州游蒜山進虎皮爲大幄
與賓僚會飲其中忽暴風至帳裂盡碎如蝶翅蜀估
所獻雉頭裘亦失去
晉天福某年潤州市大火
宋端拱元年五月潤州雨雹傷麦
大中祥符三年夏潤州旱

天聖六年七月揚眞潤三州江水溢壞廬舍

天聖中近輔獻龍卵詔送金山匱藏之是歲大水金山廬舍飄者數十間

熙寧六年潤州饑

熙寧八年八月江南諸路旱

元豐四年七月潤州大風雨溺居民毀廬舍損田稼

元祐三年潤州丹陽縣麥一本五穗

宣和初蔡祐以熙寧至三茅謁陳彥英陳云近山數月前雷雨空中墜下一小兒十餘歲兩目不開遍體皆毛其腥逆鼻村人聚觀間忽陰雨四合雷震一聲

遂失所在恐是雷神中物

紹興元年秋七月乙未朔浙西大帥劉光世以枯桔生穗爲瑞奏之高宗曰歲豐人不乏食朝得賢輔佐軍中有十萬鐵騎此外不足瑞也

紹興三年七月淮西鎮江襄陽雨害禾麥

紹興四年鎮江旱

紹興六年七月壬子潤州江水溢壞官私廬舍

紹興七年二月辛丑鎮江府火

紹興十二年二月辛巳鎮江大火燔倉米數萬石緡六萬東民居焚者尤衆

紹興十九年鎮江旱

紹興二十七年鎮江大水

紹興二十八年九月沿江海郡縣大風水溢潤州爲甚

紹興二十九年四月鎮江火焚軍壘民居

隆興二年蘇湖常秀潤等州大水民艱食

乾道元年二月行都平江鎮江紹興湖常秀州寒敗首種損蠶麥大饑

淳熈二年鎮江旱艱食

淳熈五年鎮江旱

淳熈七年鎮江大旱饑

淳熈八年鎮江旱

淳熈九年潤州旱七月淮甸大蝗眞揚諸郡日撲蝗數十車群飛絶江墮鎮江府害稼

淳熈十二年耿秉作守因建炎失印借用觀察使印至是言於朝詔思文院重鑄府印給印之日僚吏祗拜受賀視之府字畫偏識者曰使君必不久於此當移他郡纔一月果徙四明二年之間盖經張杓張子顔連溢兹土吳琚兼領亦數月其或召或罷鮮有滿兩歲者

淳熙十四年鎮江旱

淳熙十六年六月庚寅鎮江大雨水五月入其郛浸軍民壘舍三千餘區

紹熙三年七月壬申鎮江大水害禾麥

紹熙四年五月辛未丙子鎮江府大雨水浸營壘六千餘區

紹熙五年鎮江大旱人食草木

慶元六年鎮江大旱水竭

慶元六年冬潤州乏食

嘉泰二年鎮江大旱又蝗自丹陽入武進飛常蔽天

數十里

開禧二年秋潤州大歉

開禧十七年鎮江府饑郡爲糜以賑者日千餘人

嘉定元年四月鎮江後軍妻生子一身二首四臂

嘉定二年鎮江大旱

嘉定十一年鎮江旱蔬麥皆枯

元至元十五年鎮江民家豕生豚如象形

至元二十八年三月鎮江饑

至元二十九年六月鎮江水

元貞元年五月鎮江丹徒金壇等縣水

大德元年九月鎮江丹徒旱

延祐三年十一月鎮江饑

至治二年十一月鎮江饑

泰定元年七月乙亥揚楚常潤地震

泰定二年四月鎮江饑

天歷元年八月鎮江水没民田

至順元年六月鎮江饑

至正五年四月丹徒縣雨紅霧草木葉及行人衣皆

濡成紅色十二月乙丑地震

至正六年鎮江旱

至正七年十一月丹陽地震

至正十一年鎮江旱

至正十五年鎮江旱

明洪武三年丹陽孫宗㙬田名千石墟産瑞麥一莖五穗

洪武五年金壇東門劉鑑堂後産靈芝一本九莖

正統五年丹陽金壇大水

景泰五年丹徒丹陽金壇大水

景泰六年三縣大旱蝗丹陽尤盛

成化五年丹陽金壇大水

成化八年三縣大水

成化十七年三縣先旱後潦斗米百錢

宏治元年二年三縣大水

宏治六年秋金壇有白鵲巢於西禪寺樹飛鳴上下群鴉隨之

宏治六年金壇縣北村落間野蚕作繭纍纍綴於桑柘之枝比屋皆然

宏治十五年丹陽延陵鎮麥一莖兩穗金壇亦多有之而岳陽村尤盛是年金壇有白龍見於雲表横亘數十里

宏治十六年丹陽金壇大旱

宏治十八年九月十三夜子時地震屋盡搖

正德元年二年鎮江大旱河底生塵餓殍塞道

正德五年五月狂風淫雨經月不止廬舍垣墻傾圮殆盡漂溺不可勝數

正德六年七年鎮江大水

正德十一年金壇大水

正德十五年丹陽金壇大水

正德末年北固山下有群蜂擁蜂王出游遇鷙鳥攫殺之群蜂環守不去數日俱死楊公一清聞之令家

僮瘞焉表曰義蜂塚爲文以祭

嘉靖二年鎮江三縣春夏大旱處暑後大水斗米百錢

嘉靖五年六年旱蝗蘆荻篠簜爲之一空幸不食苗稼

嘉靖十一年鎮江大水

嘉靖十六年四月金壇麥有一莖三穗者有一本一莖兩穗者其年稔

嘉靖二十二年鎮江大水

嘉靖二十三年大旱至二十五年四月月方雨斗麥二

錢

嘉靖三十一年大水

嘉靖三十五年冬丹陽地震次年倭寇至城下

嘉靖三十七年金壇大水

嘉靖三十八年大旱河底生塵

嘉靖四十年大水民居水至半壁粒米無收自後連水災者六年

隆慶三年七月江潮卒湧平地水高丈餘沿江洲沙溺死居民不計其數廬舍漂没殆盡

萬歷五年金壇大水

萬曆六年八月內禾生蟊苗皆黄萎秀而不實次年亦如之

萬曆七年鎮江大水八年尤甚

萬曆九年八月大風拔木飛瓦甘露寺鐵塔折九月十月地震者六

萬曆十七年大旱斗米二百錢前後三年大疫

萬曆二十一年丹徒唐思灣民朱旺一家牛產麟先是晚一家每夜有赤光上騰如火麟產後不復見其狀通體鱗紋色青黑玉頂光潤氤氲若雲氣然口紅色頷下有鬚項皆細鱗具九孔臍以後具六乳二字

排列背腹皆巨鱗橫列長而稍方腹下微紅其腰脊近尾處一巨鱗上有紋橫五豎一如王字形尾皆細鱗尾稍一全鱗聚毛四足亦細鱗近蹄二寸無鱗惟直紋二三見而已甫生聲如洪鐘衆咸指爲怪斃而瘞焉越日鄉人殷士望等聞知往啓而濯之傷悼良久繪爲圖郡侯王公應麟命瘞于北固山二賢祠左作圖說

萬歷二十二年金壇周莊村民湯培田瑞禾一莖九穗既刈復生

萬歷二十四年三縣先旱後大水金壇尤甚父老以

爲不滅嘉靖四十年

萬歷二十五年春朱旺一之族其家牛復產一麟其牛即前產麟者之子也麟狀大如前麟微有毛目赤若流丹額有紋如王字近蹄細鱗尤整客餘皆同前生數日死亦瘞北固山爲雙麟塚五歲再育麟亦近古未有云

萬歷三十三年郡華山裂下視昏黑又天鳴累日聲如怒濤

萬歷三十六年大水

天啓二年十二月二十二日地震

天啟四年五月大水歲大祲六月初五日大寒夜微雪十一月初八日大暑人祼體三日

天啓五年大饑人採楢樹皮食之

天啓六年六月初三日蝗渡江南秋大旱歲大祲人食樹皮

天啟七年大饑有道人取石手捻爲粉作餅示饑者人因爭取食之名觀音粉秋大旱生異虫狀如蟬食禾根禾盡死

崇禎元年正月望日雷

崇禎三年二月大雨雹三月四月又大雨雹傷麥及

人破屋折樹鳥獸死九月復雷雹

崇禎五年六月天甚寒人多衣綿者是年大旱

崇禎七年四月大雨雹七月螟冬十一月二十九日大熱十二月五日大雨雪震雷及雹

崇禎八年春三月雀飛滿天食麥幾盡

崇禎九年正月望日雷二十八日又雷雹是月桃李花

崇禎十一年蝗是年大饑

崇禎十二年四月蝗是月每夜聞天有聲如泣

崇禎十三年有人食人之謠上元日民間爲米粉人

食之以應是年旱蝗民多疫果有人相食之事

崇禎十四年春疫甚大旱五月蝗蔽天穀極貴饑殍載道

崇禎十五年蝗

崇禎十七年春民間有羊毛瘟疾多死七月十八日北來鼠數萬啣尾渡江次年春丹徒城中民家產一子三頭頭有二角三目二口四臂聲如野獸溺之死

國朝順治八年丹陽縣麥秀雙岐

順治九年大旱

順治十六年五月中戌時有黑氣從江北瓜渚飛捲

而來且有聲䡾壓郡城一二刻方消盡未幾海寇陷城

順治十八年秋郡南門內民家釜中煮水開釜見有服貴官冠裳人長七八寸坐沸水中

康熙七年六月十七日戌時地震先數日微震一二次是夕震甚山動搖江河之水皆爲鼓盪停泊之舟多覆溺城內外震倒牆屋無算

康熙九年初夏郡城東鄉見一龍自黃里橋至圩裡首尾共長四五里許後仰至華山約又十餘里鱗甲閃動中露紅色霰傾民房屋數十間

康熙十年五月十八日未時有二龍去地僅十數丈自西而東若相戰鬬狀所過四擲山桃莊南渚菴前潘家村戴港埤城諸村鎮震傾房屋數百家震壓男婦死者數百人傷而未死者尤衆而埤城爲甚埤城大樹拔起從空中紛碎落下有人爲龍氣挾去飄五六里墜地竟未傷桃莊河內泊大舟亦挾之而上板木亦從空紛碎落下是年大旱

康熙十一年蝗蔽天夏五月十八日金壇龍起白龍廟拔屋折樹過南店南埝涇小墟多傷人所過廬宿盡偃

康熙十二年呂城有鳥千百爲羣遶林飛鳴不去或怪之遂迹其下獲一大鳥毛羽五色燦爛如鳳凰北山朱光遠家産一羊僅一角一目蹄蹏

康熙十六年丹陽縣東七十里林中見異鳥高六七尺舒吭約丈餘啄食雞鳧居民擊斃之沉綠色羽長三尺餘分啖其肉輒病有死者

康熙十七年春霪雨夏秋旱

康熙十八年三縣大旱民屑榆樹皮食

康熙十九年二縣大水沙潮田無禾金壇尤甚民屑樹皮草以食枕籍死道路十二月地震

康熙二十年正月人日龍見呂城疛日午晴霽鱗甲

燗灼色上黄下微紅十二月三縣雨雪中雷電作

康熙二十一年秋七月丹徒霜傷禾

康熙二十二年春霪雨夏無麥冬十二月九日雷電

交作

康熙二十三年春正月八日雷電時雨雹大雪雪後

雷復鳴

溧陽縣

晉義熙五年五月癸巳雨雹

宋熙寧六年大旱

咸淳六年大旱

宋紹興十九年己巳甘露降

明洪武初嘉竹瑞麥生

洪武二十年大旱六月大雨

二十九年大旱

三十四年地震飛蝗遍野

永樂三年大水

正統八年夏旱秋勞

景泰六年大旱民饑疫

天順元年城中火災公廨民居延燒殆盡

成化四年夏大旱水竭

十七年春夏大旱七月大雨水溢

十九年正月大雪七日樹介

宏治十四年十月十七日地震

十八年九月十三日地震

正德三年秋大旱

五年七月大水

十四年大水

十五年復大水

嘉靖二年大旱民多飢死

七年大旱
十四年旱蝗蔽野
十五年夏雨雹大如斗牛馬多擊死
二十三年大旱自六月至九月不雨
二十四年復大旱
二十八年大水
三十八年大旱
三十九年冬大雪水氷禽鳥多凍死
四十年大水七月地震
四十一年大疫
嘉靖四十四年六月卯自燕於義峨山莊

萬歷七年大水
八年復大水
九年大疫
十三年二月初六日地震
十六年大旱
十七年復大旱疫
三十六年大水
天啓二年十二月二十二日地震
四年大水
五年夏日中見星日無光旁有黑子如日者十數

崇禎十一年至十四年連歲大旱湖圻見底蝗蔽野

十五年大疫

國朝順治五年大雨雹二麥無秋

六年獲虎於長蕩湖三月鵲巢於田秋冬之交虎傷

晝行

七年大水

八年二月十八日雷雨晝晦行者以火夏大水

康熙三年大水十月彗星見於南自翼軫西行直抵婁

宿經五十餘日歷一十三宿

四年二月彗復見

皇恩大赦

七年大水六月十八日地震

九年大水知府張際龍行縣勘災以縣令揚待之頗簡忽鄉之災故不報揚亦終以此被擠去

十一年大水

十五年大水

十六年嘉禾生一叢數百莖一莖五穗高秀種尺許產於沂橋郝氏田

十七年產瑞麥一莖五岐生於栢枝廟姜氏田詳督院

十八年大旱知縣裴袁泣陳督撫奏

聞緩徵秋糧

十九年大水彌望百餘里皆成巨浸知縣裴袞泣陳

督撫奏請奉　旨蠲額賦十之三秋糧緩徵一載

二十二年春水泛濫二麥籽粒無收

二十七年地丁輪赦全蠲

三十二年秋澇傷禾歲青

三十七年秋澇傷禾歲青

三十九年地丁輪赦全蠲

四十一年秋大水圩田災

四十六年秋大旱高田災圩田半收

四十七年秋洪水泛濫民房飄蕩四野驚惶水災爲

從前所未有漕米及新舊地丁停徵來春蠲賑平

糶

四十八年春夏疫癘流行入秋乃安雨澤甚少傷不

爲灾

五十年以前未完地丁　　恩例概行蠲免係六十一

年十一月十三日　詔諭

五十二年地丁輪𢾾全蠲

五十三年夏秋大旱田禾被災地丁每兩蠲一錢六

分六厘

五十五年夏秋大水田禾被災地丁每兩蠲一錢八

分六厘

六十年秋大旱牛月絕流禾稼被灾地丁每兩蠲一錢四分四厘

六十一年秋大旱蝗蝻徧野田禾被灾地丁每兩蠲二錢一厘八毫

雍正元年秋大旱有蝗灾傷特甚地丁每兩蠲二錢二厘五毫

四年秋大旱圩田被灾地丁每兩蠲一錢五分六厘一毫

七年秋疫癘流行歲稔

八年夏秋疫癘行冬底乃安歲稔

十二年夏秋大水圩田被災地丁每兩蠲一錢五分五厘五毫

十三年十月二十日欽奉

恩旨蠲免十三年以前未完銀米

乾隆二年秋大水圩田被災蠲免地丁銀七千四百一十三兩二錢三分零米四十一担九斗九升零豆一百六十一担二斗七升零更有緩徵銀米普賑災民貧生三箇月

三年秋大旱高田被災圩田半收蠲免地漕銀二萬

五千二百兩八錢八分零米二萬一千八百四十

六担九斗零豆五百一十六担一斗一升零普賑

災民貧生又加賑極貧共六個月

四年夏蝗撲不爲災

五年四月間雹傷麥詳請借給籽種免息

六年圩田被水補種歉收詳請借給籽種免息

七年九月奉蠲雍正十三年未完地丁銀

八年水淹田一十九萬八千餘畝賑一月蠲銀六千

二十九兩七錢零蠲米豆共一百六十六担二斗

零緩征九千九百三十五担九斗零

【光緒】丹徒縣志

（清）何紹章、馮壽鏡修　（清）呂耀斗等纂

清光緒五年（1879）刻本

雜綴二　祥異

按康熙志云祥異之志猶史家之有天官五行也府志云漢董仲舒劉向之徒取皇極庶徵附於五行言之甚備公孫宏對策有曰心和則氣和氣和則形和形和則聲和聲和則天地之和應矣然則人事之相為感召誠有不可誣者顧陽九百六藏於太乙肘後類詳而亦未嘗不屢遇於舜禹成康之世舜禹得百六之數凡七成康得百六之數凡十一焉漢文帝時一日而山裂者二十九又四年六月大雨雪而鳳凰之出反一見於桓之元嘉再見於靈之光和此何以故毋亦所謂祥異者或者遐而難稽而人事之修救則斷乎不可忽與自有鎮江以來所見祥異歷代都有譜詳於左以備法戒今考二志所載皆紀至康熙二十三年止而嘉慶志則僅錄至明末止其其亦畧數衛扉諱或之深意幾然恐耳其目所及究不可畧而天災弭以人事即寓其中何不可錄之有茲仍依康熙志之例備登而續纂之其無關徒邑及年遠無徵者概弗之載自晉迄今謹記之於左

晉

元帝大興三年四月庚寅晉陵地震

康帝建元二年晉陵風

廢帝太和六年晉陵五郡大水

孝武帝太元末晉陵謠十七年六月甲寅京口西浦濤入殺人以上晉五行志

穆帝永和五年十月月犯昴星占曰將軍死十二月褚裒薨晉天文志

竟陵王誕初爲南徐州刺史在京口夜大風飛落屋瓦城門鹿床倒覆南史本傳

元帝大興三年徐州蝗四年地震

康帝建元元年風七月庚申晉陵吳郡災風以上宋五行志

安帝元興三年三月己卯甘露降丹徒宋符瑞志

元帝大興三年四月白鹿見南東海丹徒

穆帝昇平二年晉陵等五郡大水稻稼傷饑甚

太和中劉波居京口晝寢聞屏風外咆咤聲見一狗蹲地而語語畢自去

孝武帝太元末王恭鎮京口民間謠曰黃雌雞莫作雄父啼一旦去毛衣衣被拉颯棲又云黃頭小兒欲作賊阿公城下指縛得又云黃頭小兒欲作亂賴得金刀作藩扞黃字頭恭字上也小人恭字小也恭尋起兵誅王國寶旋爲劉牢之所敗以上康熙志

宋

武帝永初元年　辰甘露降丹徒

文帝元嘉十八　白燕產丹徒縣南徐州刺史南

譙王義宣以聞

元嘉二十七年青雀產京口甘露降丹徒

孝武帝孝建元年正月庚申鳳凰見丹徒潤賢亭雙鵠

爲引衆鳥陪從

大明五年白鹿見丹徒

明帝太始三年白麞見丹徒甘露降丹徒以上宋符瑞志

文帝元嘉二十六年二月辛京口有黑氣暴起占有兵

明年魏南寇至瓜步飲馬於江宋五行志

文帝元嘉十七年八月大水二十一年大水二十六年大水

元嘉二十七年白燕產京口南徐州刺史始興王濬以聞

元嘉中徐湛之爲丹徒尹夜西門內有氣如練西南指長數十丈又白光覆屋頂久而轉駛乃消

孝武帝大明四年大水

明帝泰始二年九月庚寅青雀見京城以上康熙志

孝建間南徐州大風飛屋瓦城門倒覆

泰始三年十一月癸亥甘露降南東海丹徒建岡以上府志

梁

簡文帝大寶二年京口人於藏兒年五歲登城西南角大樓打鼓作長江欄鼓兵象是時侯景亂江南隋五行志

武帝中大同元年邵陵王綸在南徐州臥內方晝有狸鬭於欄又有野鳥如鵲者百飛屋梁上彈射不中俄頃失所在康熙志

敬帝紹泰二年三月自去冬至是甘露頻降京口或至三數升大如弈棋子梁書

隋

煬帝大業十三年十一月景辰上起宮丹陽將遜於江左有烏鵲來巢幄帳驅不能止有石自江浮入於揚子隋書煬帝紀

唐

元宗開元九年七月丙辰揚潤等州暴風發屋拔樹漂沒公私船舫一千餘隻

憲宗永貞元年潤州旱

元和四年浙西蘇潤等州旱十一月賑潤州

元和十四年潤州水以上舊唐書

高祖武德七年河間王孝恭征輔公祏宴羣帥於舟中孝恭以金盌酌江水將飲之則化爲血孝恭曰盌中之血公祏授首之祥

武后大足元年七月乙酉康熙志作乙亥揚楚常潤蘇五州地震

元宗開元十四年秋潤州大風自東北泝海濤沒瓜步

德宗貞元三年康熙志作二年潤州魚鼈蔽江而下比忽無首康熙志作皆無首

貞元十四年潤州有黑氣如隄自海門山橫亙江中與北固山相峙又有白氣如虹自金山出與黑氣交將旦而沒

憲宗元和七年夏潤州旱十月辛酉日雹降北固山

元和十一年六月潤州水害稼

文宗太和四年五月己卯浙西觀察使王璠治潤州城隍中得方石有刻文曰山有石石有玉玉有瑕瑕即休舊唐書王璠傳璠得石不奠如其言京口老人曰尚書祖名崟崟生礎是山有石也礎生尚書是石有

玉也尚書之子名遐休休絶此非吉徵果赤族

宣宗大中十二年八月潤州水害稼

僖宗中和二年秋丹徒狗與彘交

光啓元年正月潤州江水赤凡數日以上唐五行志

憲宗永貞二年二月虹入潤州大將張子良宅初入漿甕漿盡入井飲之

元和七年甲仗庫災

敬宗寶歷中甘露降北固山按三山志二年三月乙亥甘露降北固山李德裕建寺因以爲名

文宗太和七年十月辛酉潤州水害稼

武宗會昌元年江南大水

僖宗光啓中金山寺西石上有異獸狀如牛無角長可數十丈色黄而毛引首顧望城中久之復回顧廣陵寺觀者漸衆方躍入水波濤洶湧如衆車馬聲頃乃止（以上康熙志）

天祐十二年冬潤揚子江水中出火可以然（五代史吳世家）

南唐

烈祖昇元年閏（康熙志作太淸二年）徐知諤鎭潤州游蒜山除地爲揚州虎皮爲大幄號虎帳與賓僚會飲其中忽暴風裂帳盡碎如飛蝶（康熙志蜀估所獻娥頭裘亦失去）諤懼而歸屬疾數日卒（南唐書）

後晉

高祖天福中潤州市大火康熙志

宋

太宗淳化三年潤州丹徒饑死者三百戶

真宗大中祥符三年潤州屢火

高宗紹興七年二月丁酉鎮江府火

甯宗慶元六年潤州旱以上宋史

太宗太平興國七年四月潤州水害稼

雍熙四年十月知潤州程文慶獻鵝頸毛如垂纓

端拱元年五月潤州雨雹傷麥

大中祥符三年夏潤州旱

神宗熙寧六年潤州饑七年常潤等州饑

元豐四年七月甲午夜丹徒縣大風潮（康熙志作風雨）飄蕩沿江廬舍損田稼

徽宗大觀元年三月潤州芝草生

高宗紹興七年二月辛丑鎮江等府火

紹興十二年二月辛巳鎮江府火燔倉米數萬石芻六萬束民居尤衆

紹興十九年鎮江府旱

紹興二十七年鎮江等府州大水

紹興二十九年四月鎮江府火焚軍壘民居

孝宗隆興二年鎮江等府艱食七月鎮江等府州軍皆大水浸城郭壞廬舍圩田軍壘操舟行市者累日人

溺死甚衆越月積陰苦雨水患益甚

乾道元年二月潤州等郡寒敗首種損蠶麥大饑

淳熙二年秋鎮江等府皆旱

淳熙五年鎮江等府旱

淳熙七年諸道自四月不雨至九月鎮江等府大旱

淳熙八年七月不雨至十一月鎮江等府旱

淳熙九年七月蝗飛絶江墮鎮江府害稼

淳熙十六年六月庚寅鎮江大雨水五日浸軍民壘舍
三千餘區

光宗紹熙三年七月壬申大雨鎮江大水害禾麥

紹熙四年四月（康熙志作五月）自辛未至丙子鎮江府大雨水

殺軍鎮六千餘區

紹熙五年八月辛丑鎮江等府水康熙志作旱冬無麥苗鎮江等府州人食草木

甯宗嘉泰元年饑鎮江府爲甚

嘉泰二年春旱至於夏秋鎮江府爲甚

嘉定二年大旱常潤尤甚

嘉定四年康熙志作元年四月鎮江府後軍妻生子一身二首四臂

嘉定十一年秋不雨至於冬鎮江等府旱疏麥苗枯

嘉定十七年春鎮江府饑

理宗淳祐二年七月辛巳朔潤州大水以上宋五行志

仁宗天聖六年七月揚真潤三州江水溢壞廬舍

天聖中近輔獻龍卵詔送金山僧藏之是歲大水金山

廬舍飄者數十間

神宗熙寧八年八月江南諸路旱

高宗紹興三年七月雨害禾

紹興四年鎮江旱

紹興六年七月壬子江水溢壞官私廬舍

紹興二十八年九月沿江海郡縣大風水溢鎮江府爲

甚

孝宗淳熙十四年鎮江旱

寧宗嘉泰二年大旱蝗飛蔽天數十里

開禧二年秋潤州大歉

開禧十七年鎮江府饑郡爲糜以賑者日千餘人以上康熙志

紹興元年秋七月乙未朔浙西大帥劉光世以枯秸生穗爲瑞奏之高宗曰歲豐人不乏食朝得賢輔佐軍中有十萬鐵騎此外不足瑞也

慶元六年鎮江大旱水竭

慶元六年冬潤州乏食以上府志

元

世祖至元四年十二月乙丑鎮江地震

至元二十八年三月鎮江饑

至元二十九年六月鎮江路水

成宗元貞元年五月鎮江丹徒縣蝗康熙志作水

英宗至治三年康熙志作二年十一月鎮江丹徒縣饑

泰定帝泰定二年鎮江等路饑

文宗天曆元年八月鎮江等郡水沒民田

順帝元統二年五月鎮江路水

至正四年八月鎮江旱

至正六年鎮江旱十一年又旱

至正十五年鎮江民家豕生豚如象形以上元五行志

世祖至元二十八年鎮江路饑

成宗元貞二年六月鎮江蝗

泰定帝泰定四年六月鎮江等路饑
文宗天歴二年鎮江等路饑
至順元年二月鎮江路饑六月鎮江饑閏七月鎮江諸
路大水沒民田
至順三年九月鎮江路大水以上元舊史
成宗大德元年九月飛蝗蔽空
仁宗延祐三年十一月饑
泰定帝泰定元年七月乙亥地震
順帝至正五年四月雨紅霧草木葉及行人衣皆濡成
紅色十二月乙丑地震
至正十一年旱十五年旱以上康熙志

明

英宗正統四年七月鎮江大風拔木殺稼八月大水

正統八年夏鎮江饑

正統九年七月揚子江沙洲潮水溢漲高丈五六尺溺男女千餘人

孝宗宏治七年鎮江潮溢平地水五尺沿江者一丈民多溺死

宏治十六年鎮江夏秋旱

宏治十八年九月甲午鎮江地震

武宗正德四年饑

正德七年旱

正德十二年鎮江大雨殺禾麥

正德十三年大雨彌月漂室廬人畜無算

世宗嘉靖二年八月鎮江大水

嘉靖三年正月辛巳鎮江地震是年南畿諸郡大饑道殣相望

神宗萬歷三年九月鎮江水

萬歷三十三年八月丙午鎮江西南花山裂（花山舊志作華山）

萬歷四十四年七月鎮江土鼠千萬成羣夜銜尾渡江絡繹不絕一月方止

熹宗天啓七年四月壬戌鎮江雨雹傷麥

懷宗崇禎六年正月鎮江地裂數尺

崇禎八年夏鎮江民婦產一子頂戴兩首臂贅一首與
毋俱斃

崇禎九年十二月鎮江京畿嶺土山崩

崇禎十三年三吳皆饑樹皮食盡至發瘞骴以食

崇禎十五年二月鼠渡江晝夜不絕以上明史

代宗景泰五年大水

景泰六年大旱蝗

憲宗成化八年大水

成化十七年先旱後潦升米百錢

孝宗宏治元年二年大水

武宗正德元年二年大旱河底生塵餓殍梁道

正德五年五月狂風霪雨經月不止廬舍垣牆傾圮漂溺不可勝數

正德六年七年大水

正德末北固山鸛鳥殺大蜂蠭蜂聚守數日俱死謂之蜂塚

世宗嘉靖二年春夏大旱處暑後大水升米百錢

嘉靖五年六年旱蝗蘆荻篠簜一空幸不食苗稼

嘉靖十一年大水

嘉靖二十二年大水

嘉靖二十三年大旱至二十五年四月方雨斗麥二錢

嘉靖三十一年大水

嘉靖三十八年大旱河底生塵

嘉靖四十年大水民居水至半壁粒米無收自後水災
六年

穆宗隆慶三年七月江潮卒湧平地水高丈餘沿江洲
沙溺死居民不計其數

神宗萬曆六年八月禾生蟘苗花黃萎秀而不實

萬曆七年大水八年尤甚

萬曆九年八月大風拔木飛瓦甘露寺鐵塔折九月十
月地震者六

萬曆十七年大旱升米二百錢前後三年大疫

萬曆二十一年唐墅灣朱旺一家牛產麟樊之禩侯王
應麟瘞於北固山詳雙麟塚

萬歷二十四年先旱後大水

萬歷二十五年朱旺一之族某家復產一麟數日自死亦瘞北固山詳雙麟塚

萬歷三十三年華山裂下視皆黑又天鳴累日聲如怒濤

萬歷三十六年大水

熹宗天啓二年十二月二十二日地震

天啓四年五月大水歲大祲六月初五日大寒夜微雪十一月初八日大暑人裸體三日

天啓五年大饑人採楮樹皮食之

天啓六年六月初三日蝗渡江南秋大旱歲大祲人食[illegible]

樹皮

天啓七年大饑有道人取石手捻爲粉作餅示饑者人因爭取食之名觀音粉秋大旱生異蟲狀如蟬食禾根禾盡死

懷宗崇禎元年正月望日雷

崇禎三年二月大雨雹三月四月又大雨雹傷麥及人破屋折樹鳥獸死九月復雷雹

崇禎五年六月甚寒人多衣綿者是年大旱

崇禎七年四月大雨雹七月熯冬十一月二十九日大熱十二月五日大雨雪復雷及雹

崇禎八年三月雀飛滿天食麥幾盡

崇禎九年正月望日雷二十八日又雷雹是月桃李花

崇禎十一年蝗是年大饑

崇禎十二年四月蝗是月每夜聞天有聲如泣

崇禎十三年有人食人之謠上元日民間爲米粉人食之以應是年旱蝗民多疫人衆相食

崇禎十四年春疫甚大旱五月蝗蔽天穀極貴饑殍載道

崇禎十五年蝗

崇禎十七年春民間有羊毛瘟疾多死七月十八日北來鼠數萬銜尾渡江次年春城中民家産一子三頭頭有二角三目二口四肢聲如野獸溺死以上康熙志嘉慶志

所錄止
於此

國朝

順治九年大旱

順治十六年五月中戌時有黑氣從江北瓜洲飛捲而來且有聲罩壓郡城一二刻方消盡未幾海寇陷城

康熙七年六月十七日戌時地震先數日微震一二次是夕震甚山動搖江河之水皆爲鼓盪停泊之舟多覆溺城內外震倒牆屋無算

康熙九年初夏郡城東鄉見一龍自黄里橋至圩裏首尾共長四五里復伸至華山約又十餘里鱗甲閃動中露紅色震傾民房數百間

康熙十年五月十八日未時有二龍去地僅十餘丈自西而東若相戰鬭狀所過四擺山桃莊南渚巷前潘家村戴港埤城諸村鎮震傾房屋數百家震壓男婦死者數百人傷而未死者尤衆而埤城爲甚埤城大樹拔起從空中紛碎落下有人爲龍氣挾去飄五六里竟未傷桃莊河內泊大舟亦挾之而上板木亦從空紛碎落下是年大旱舊府志二筆康熙十年五月十八日鎮江迅雷烈風丹河地方陷酒數十丈平置河側

康熙十一年蝗蔽天

康熙十七年春霪雨夏秋旱

康熙十八年大旱民屑榆樹皮食

康熙十九年大水沙湖田無禾十二月地震

康熙二十年十二月雨雪中雷電作

康熙二十一年秋七月霜傷禾

康熙二十二年春霪雨夏無麥冬十二月九日雷電作

康熙二十三年春正月八日雷電時雨雹大雪雪後雷夜鳴

以上康熙志府志同此後志皆不載百年無考僅據郵政所書及所共聞者歷登之

康熙三十二年夏旱

康熙四十六年旱大饑

康熙五十五年旱大饑

康熙六十一年旱饑

雍正元年歲饑二年又饑七月大水沙洲田廬漂溺百

里

雍正五年秋大水

雍正十一年歲饑

乾隆三年旱饑

乾隆四十九年濱江大水

乾隆五十八年大旱饑民塞道

嘉慶十九年大旱人食地肥地肥見塌巖縫俗稱觀音粉

嘉慶二十五年正月十九日大雷雨

道光元年八月十四夜大雨明日人拾得赤子如皁莢子無算是年海嘯夏秋水

道光九年二月二十九日巳刻有五星繞日夏大水

道光十一年大水十三年又水

道光十四年十月地震繼以霧霾十一月雷

道光十六年九月蝗

道光十九年九月初六夜地震十一月竹秸苗

道光二十年夏五月霪雨不止諸山拆石傾木拔焦山北固爲甚焦山禪堂後樓寶晉書院後樓均圮山長徐玉立壓死其下九月十七日雷鳴二十一夜地震

道光二十一年除夜流星如織是年水

道光二十二年正月初六日雨木冰說見藝文是年冬至日大熱雷雨震電六月十四日城陷

道光二十三年小沙田出黑鼠食稻冬至前一日雷電

冬月蘭皆多花花九瓣

道光二十八年七月初四日大風拔木夏秋水

道光二十九年四月麥秀兩岐六月江潮溢沙洲盡沒
西市行舟

道光三十年大水未退四月竹開黃花五月初一月見

咸豐元年竹盡花蘭多並蒂重花結實是年冬孩溪地
方江竭見底稜起如田片刻乃復

咸豐二年十一月初六晚地大震壞垣夜大風

咸豐二年十二月某日初昏有光如雷遥見火塊自空
而下

咸豐三年元旦日黃霧四塞是年二月十九萬歲樓災

二十二日粵寇陷城二月至三月地屢震

咸豐四年十一月初五日水搖南北往復湯漾如人持注水器左右傾側者然江河池井溝澮同時同狀而蟋蟀不震半時許方定

咸豐四年五年夏雨針長一二寸

咸豐五年正月十九日迅雷急雨五月十六大雨溢江水

咸豐六年夏旱秋蝗升米百錢夏月地生毛

咸豐七年正月二十七日大雷雨四月二十六霜五月下柳村麥秀雙歧夏蝗

咸豐八年三月大霜九月二十六日流星晝見自西而東自辰至午兩時許三五七八不等皆長尺許

咸豐十年三月十一日雹雪雜下十四日清明積雪數寸寒甚閏三月十五日立夏又微雪十月初四地小震是年野多狗頭虎傷人

咸豐十一年十一月十一日夜大雷雨以風十三日聞鴟鳴

同治元年十月二十一日雷急雨氣燠十一月初二冬至聞鵂鶹鳴是年旱六月見蝗

同治四年正月初一日雷十一日雷雨十三日大雷雨以風十二月十四日雷鳴驟雨暮又雷雨氣燠如夏土大潤

同治六年十月初四日晴雷

同治七年正月十五夜甘露寺鐵塔頂折三月沙洲桃

李寶九月十四日地兩震十七夜又震

同治十一年二月十九日六月十九日七月十二日並

地震八月十九日地微震十九日大震壁搖天有聲

同治十二年十一月二十二日見虹

同治十三年十二月二十六日大風地微震

光緒二年夏旱秋蝗蝗不傷稼

丹徒縣志卷五十八終

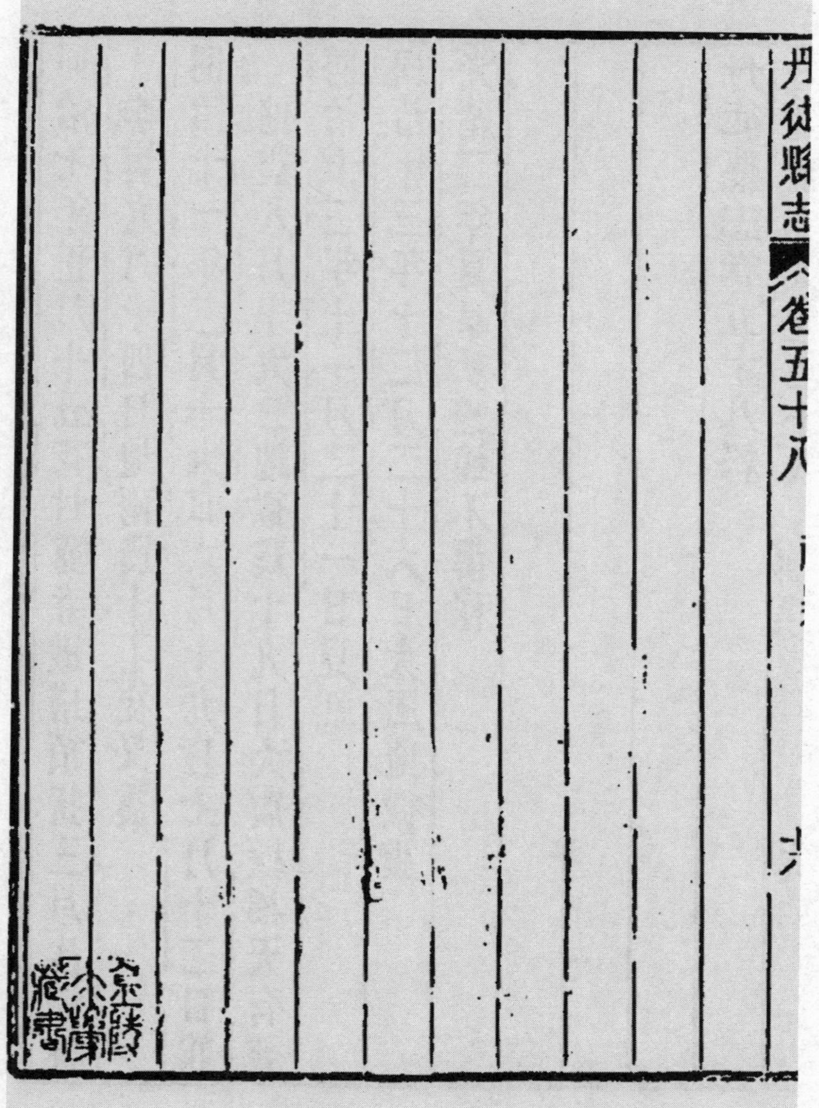
丹徒縣志 卷五十八